零基础玩转

爱尔兰蕾丝钩织

〔日〕河合真弓　著
蒋幼幼　译

河南科学技术出版社
·郑州·

目 录

前　言

距《第一次玩爱尔兰立体蕾丝钩编》一书出版已有 3 年。很想为大家介绍更多使用花样设计的作品，于是有了本书。

本书中既有编织起来稍有难度的衣物和比较大件的披肩，也有用 1 种花样就能完成的作品，第一次挑战爱尔兰蕾丝钩织的朋友也能享受其中的乐趣。

另外，大家可能会产生这样的疑惑，“连接花样时，如何确定花样之间的网格数？”针对这个问题，我用印在封二的实物大小网格针符号图讲解了基本思路，供大家参考。希望大家在制作自己的原创作品时能有效地加以利用。

正因为爱尔兰蕾丝花样钩织起来费时费力，所以等到完成时才格外令人惊喜。仅仅是看着慢慢积累的花样，心里也一定是美滋滋的。

希望大家都能爱上蕾丝钩织。

河合真弓

新手入门小作品

葡萄串束口袋

葡萄大多以圆润立体的果实来呈现。这款作品改用了小圆环，别有一番新意。

钩织方法…p.67
花样 / 连接圆环、叶子 a

纸巾套和毛巾

市售的毛巾若是加上蕾丝花样和花边，就变成了独一无二的专属用品。餐巾纸也因为有了蕾丝套而华丽变身。

钩织方法…p.68

花样 / （纸巾套）三叶草，（毛巾）雏菊 a

项链

也可以用作头饰和锁骨链，不妨尝试一下多种不同的佩戴方式。还可以连接更多花样制作成长长的腰带。

钩织方法…p.69
花样 / 连接圆环、雏菊 a

发圈和胸花

大大的花朵存在感十足，深色更显成熟雅致。胸花下方摇曳的水滴是设计的一大亮点。

钩织方法…p.70
花样 /（发圈）水滴、果实 a、3 层花瓣的玫瑰 a，（胸花）水滴、万寿菊、叶子 b

花样的组合与应用

菠萝花样的围巾

这款作品是用蕾丝钩织迷们十分喜爱的菠萝花样和花朵花样组合而成的。

钩织方法…p.71

花样／ 3 层花瓣的玫瑰 a、万寿菊、玫瑰的叶子 a

手提包

这款作品由多种自然色调的花样连接而成。虽说需要一点耐心才能完成，好在全部使用了步骤详解中的花样。

钩织方法…p.65
花样 / 连接圆环、果实 a、3 层花瓣的玫瑰 a、万寿菊、叶子 a 和 b、玫瑰的叶子 a、雏菊 a、三叶草

爱尔兰蕾丝钩织基础

从钩针编织蕾丝的一般知识，到爱尔兰蕾丝钩织的基础技法，
先让我们了解一下必须掌握的钩织基础吧。

奥林巴斯 Emmy Grande 棉 100%，
每团 50g/ 约 218m，45 色
※ 截至 2012 年 5 月的数据

奥林巴斯 Emmy Grande〈Herbs〉
棉 100%，每团 20g/ 约 88m，18 色
※ 截至 2012 年 5 月的数据

材料和工具

蕾丝线

表示纱线粗细的单位叫作"支数（号数）"，"40 号"的线标记为"#40"。号数代表的是纱线重量与长度的关系，数字越大，线就越细长。不过，即使是相同的号数，不同厂家生产的线在粗细上多少存在一定的差异。

为了使蕾丝钩织初学者也能轻松编织，本书介绍的作品均使用奥林巴斯的 Emmy Grande 线（相当于 #18 的粗细）。

蕾丝钩针

有 0~14 号，号数越大，针头就越细。要钩织出精美的蕾丝作品，根据线的粗细选择合适的蕾丝钩针尤为重要。基本原则之一是选择与线差不多粗细的钩针，不过也可以根据具体的作品要求改变针号。比如，想要钩织紧实的手提包就用细一点的钩针，想要钩织松软的围巾就用粗一点的钩针。请根据自己的编织密度和喜欢的风格选择合适的钩针。

缝针

用于线头处理。针头稍微圆一点的缝针使用起来会比较方便，比如精细织物专用的缝针或十字绣针等。

剪刀

建议使用头部比较尖细而且锋利的手工专用剪刀。

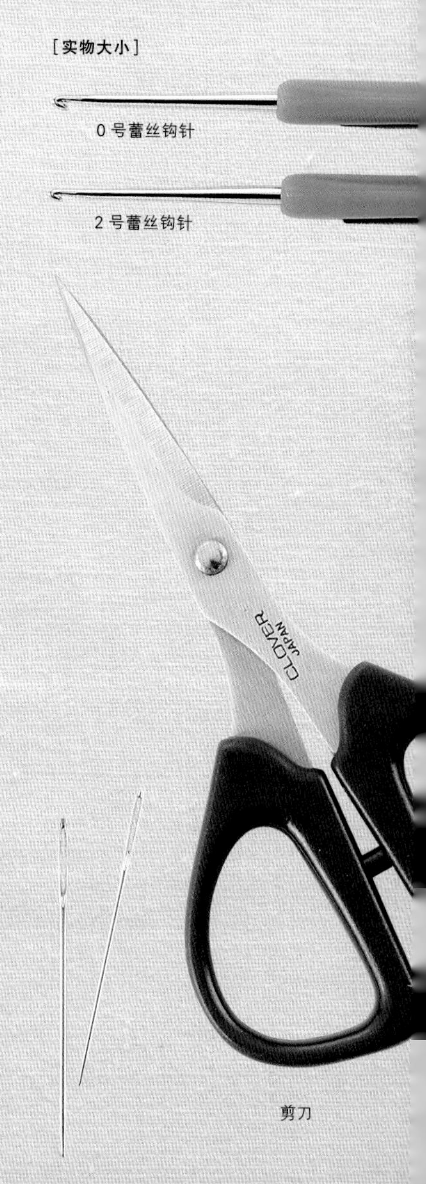

［实物大小］

0 号蕾丝钩针

2 号蕾丝钩针

剪刀

缝针

握针和挂线的方法

为了钩织出精美的蕾丝作品，正确的握针、挂线和绷线方法都至关重要。一直按自己习惯钩织的朋友也不妨借此机会确认一下吧。

挂线方法（左手）

线头穿过中间 2 根手指的内侧，将线团放在外侧。
使用像蕾丝线等比较纤细或者顺滑的线材时，可以在小指上多绕 1 圈。
用拇指和中指捏住线头，竖起食指将线绷紧。

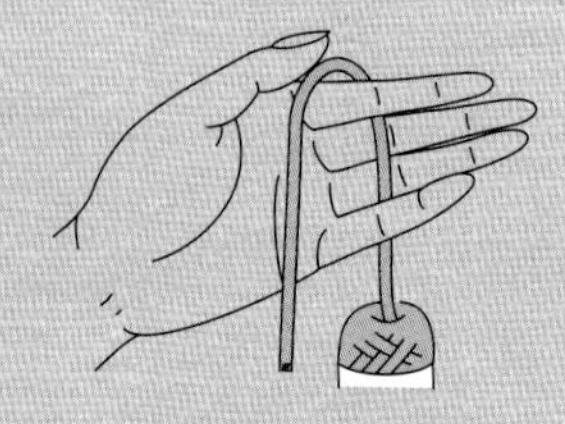

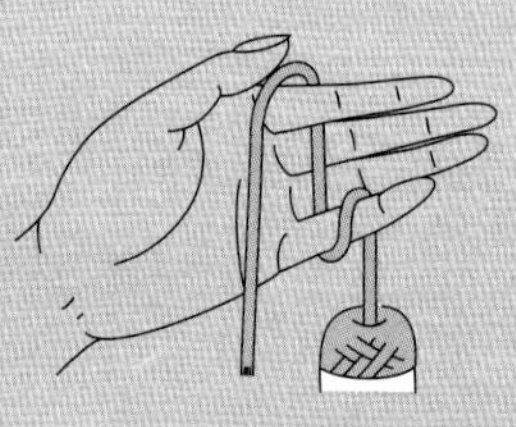

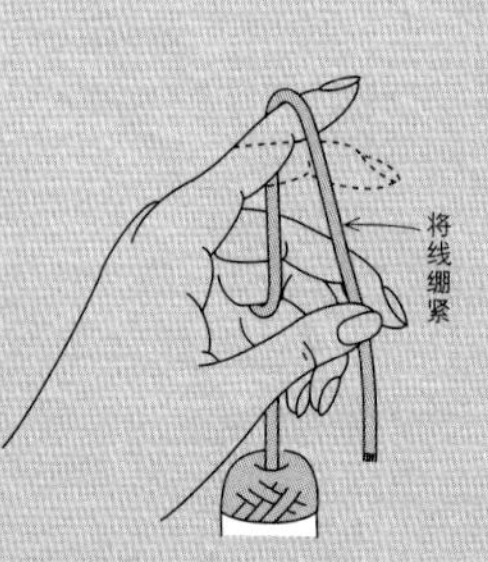

握针方法（右手）

用拇指和食指轻轻地捏住钩针，再用中指抵住。

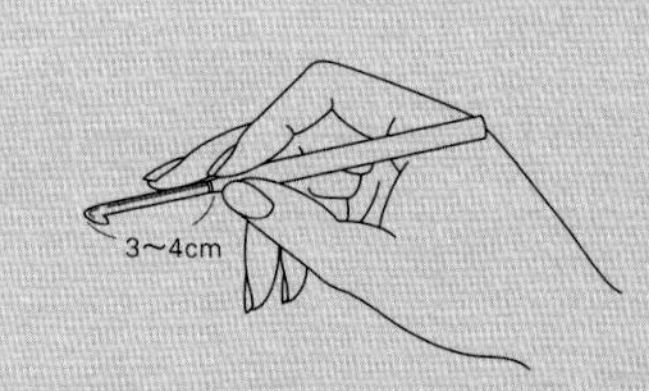

针目的高度和起立针的规则

以 1 针锁针作为衡量针目高度和宽度的基准。不只是蕾丝钩织，这是所有钩针编织中的重要惯例，请务必正确理解。

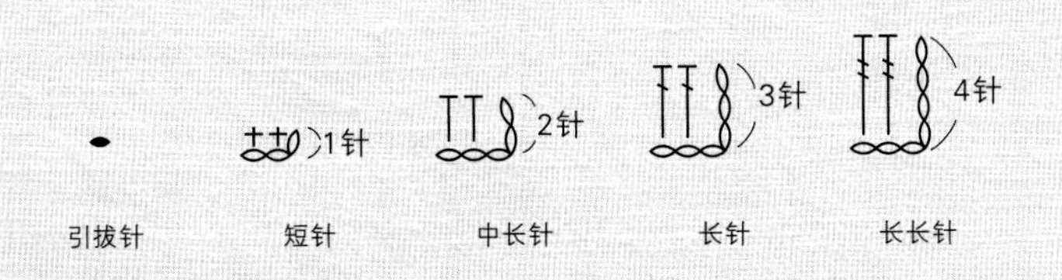

针目的高度

钩针编织的针目都可以换成相应高度的锁针。左边是从引拔针到长长针依次排列的针法符号。假设短针的高度为 1，那么中长针的高度就是 2，长针的高度是 3，长长针的高度是 4。接下来是 3 卷长针和 4 卷长针，多绕 1 圈线，就增加 1 针锁针的高度。而引拔针没有高度，就是 0，所以全部钩织引拔针的行不计为 1 行。

立织的锁针

每行钩织起点的第 1 针可以根据该行针目的高度换成一定数量的锁针，这就是立织的锁针（即起立针）。原则上，立织的锁针计为 1 针，但是短针的起立针（1 针锁针）不计入针数。另外，在立织的锁针计为 1 针的情况下，钩织第 1 行时不要忘了在起立针下面再钩 1 针锁针（作为基础针）。

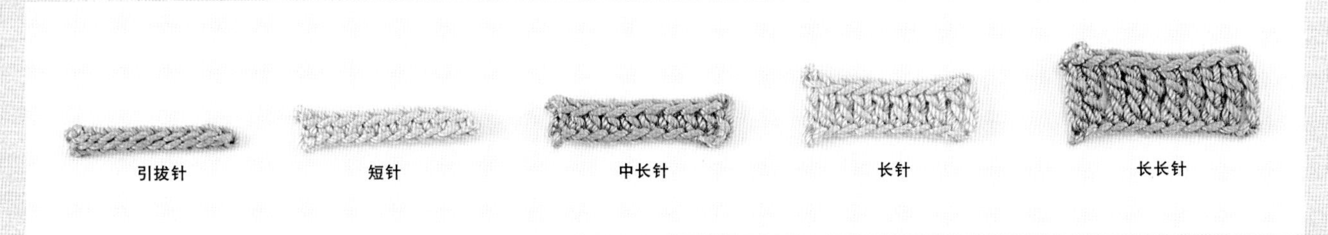

上面是实际钩织的针目。请比较一下它们的高度。

编织图的看法

立体花样是爱尔兰蕾丝钩织的一大特点，大致可以分为 2 种钩织方法。一种是像 2 层或 3 层花瓣的玫瑰一样，在网格针的锁链（基底）上钩织出重叠的花瓣；另一种是包住芯线（即填充线）钩织，从而增加花样的饱满度。编织图中的彩色线就是填充线。

编织图中标注的针数和使用蕾丝钩针的号数仅供参考。钩织时手带线的松紧度、使用线材的差异、芯线的松紧度等，各种因素都会影响花样的大小和形状。有时适当加减针数，效果可能会更好。不妨自由发挥创意，大胆尝试吧。

在锁链（基底）上钩织出重叠花瓣的花样

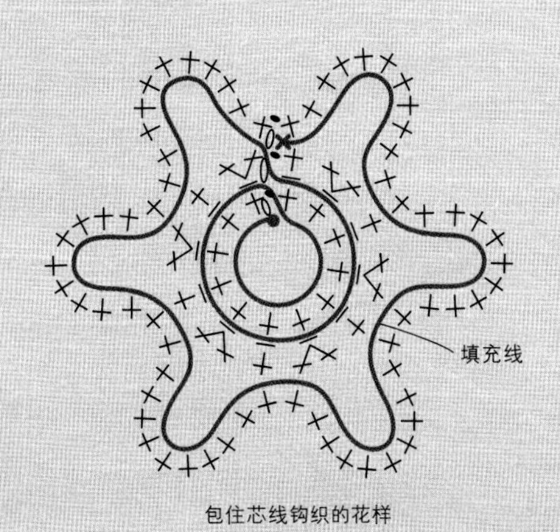

包住芯线钩织的花样

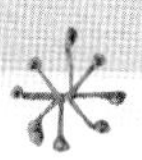

什么是“芯线”？

芯线是包在针目里面钩织的填充线，目的是为了增加花样和织物的立体感。本书作品中用的是和花样相同的编织线，将其折叠成束后当作芯线使用。

花样的基础钩织技法

下面整理了钩织爱尔兰蕾丝花样时使用的基础技法。当你感到有疑惑时，可以回到这里确认一下。

线束环形起针

这种起针方法可以使花样的中心更加饱满。在指定粗细的棒状物体上（此处使用棒针）缠绕10圈编织线，制作成线束环。

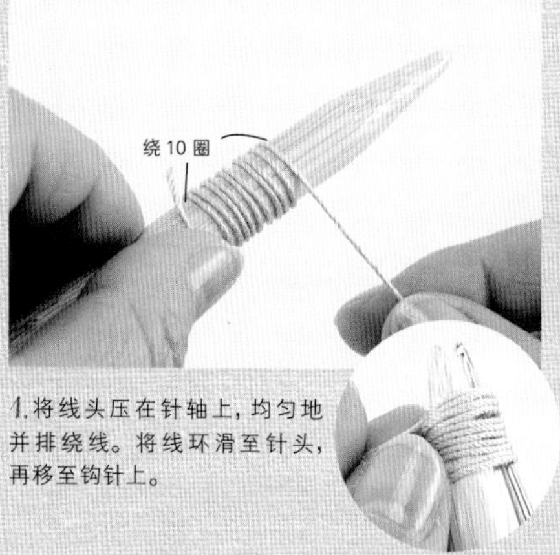

1.将线头压在针轴上，均匀地并排绕线。将线环滑至针头，再移至钩针上。

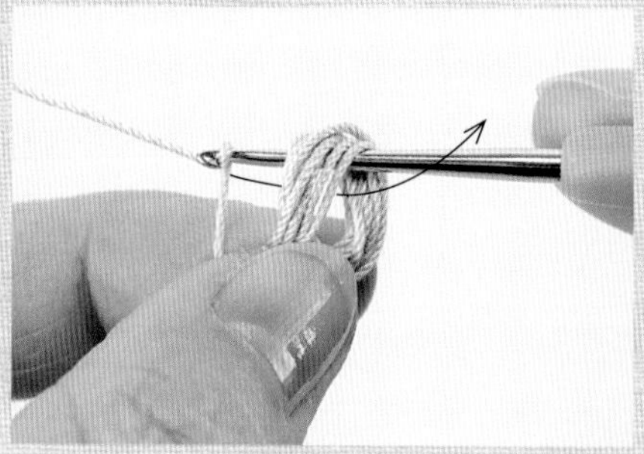

2.用手指捏住绕好的线束以免散开。从线环中拉出线，线束环形起针就完成了。

加入芯线

◎在花样的中途加入芯线

在一行钩织终点钩引拔针时加入芯线。在芯线的折叠处插入钩针，一次性引拔拉出。

◎将编织线接在芯线上

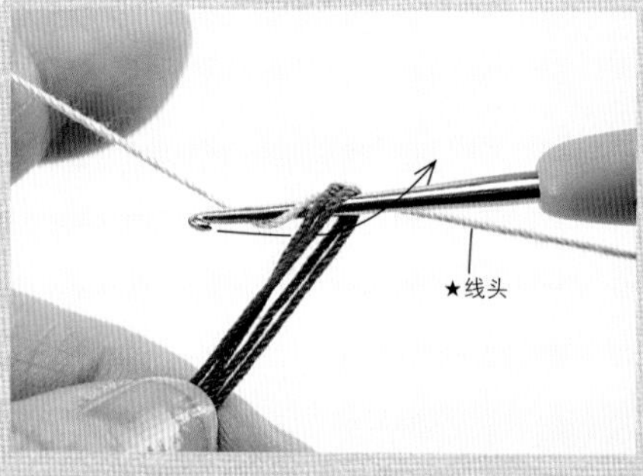

1.在芯线的折叠处插入钩针，将线拉出，接上编织线。

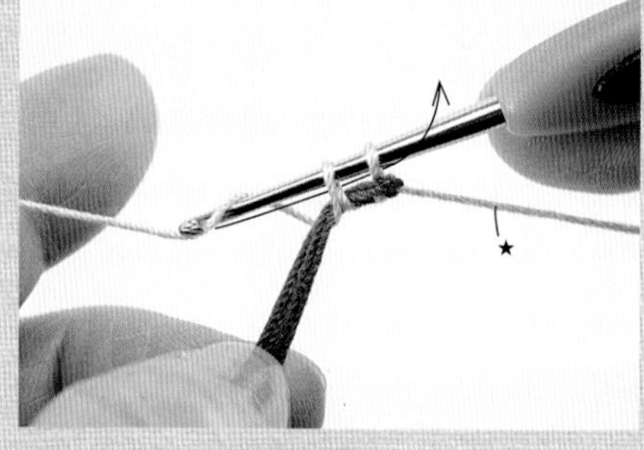

2.接下来包住整束芯线钩织，注意将线头朝相反方向拉紧。线头等到最后再做处理。

花样的钩织终点

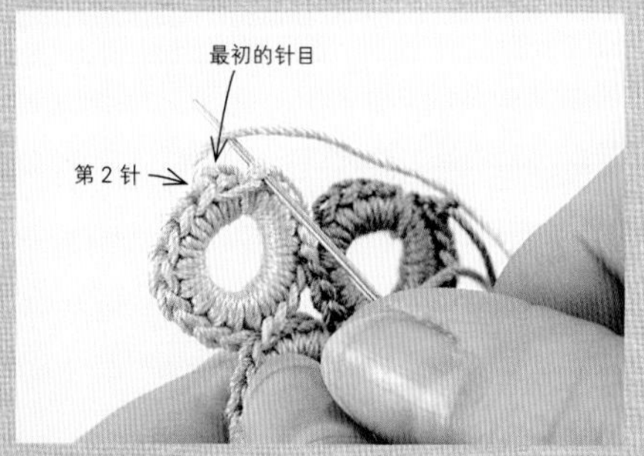

最后的针目钩织完成后，留出15cm左右的线头剪断。拉出针上的线圈，将线头穿入缝针。在钩织起点的第2针头部插入缝针，再回到最后一针的中心。这样就用缝针缝出了1针，将钩织起点和终点连接在一起。

芯线的线头处理

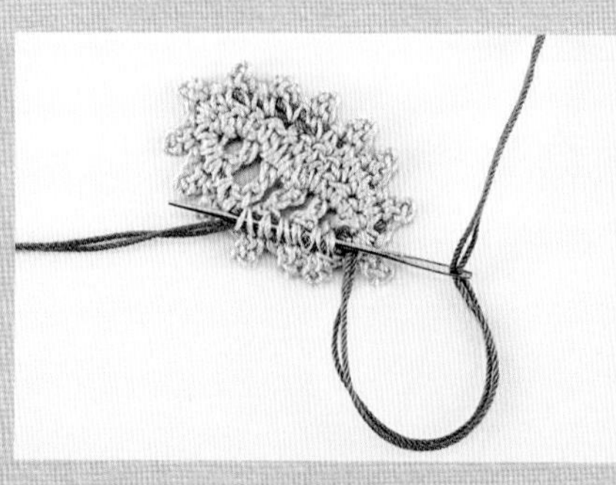

将编织线的线头穿入花样反面的针目里。芯线则将线束分成两半，再分别穿入针目里。

果实花样

小巧可爱的果实花样可以起到很好的衬托作用，使主体花样更加突出。
也可以多钩织一些，以便随时取用。

要点

第5圈钩织完成后，在果实中间塞入相同的线。将织物调整为圆圆的团子形状更容易操作，剩下的几圈钩织起来也更加方便。

［实物大小］

水滴

［材料和工具］线…奥林巴斯 Emmy Grande〈Herbs〉米色（721）1g ＊p.48〈Herbs〉浅米色（732）；
针…2号蕾丝钩针

［成品尺寸］长2.3cm

［钩织要点］用线头做环形起针（参照p.94），钩织短针。钩织终点留出线头备用。

※ 编织时，全部使用相同的编织线。为了便于理解图中使用了不同颜色的线。

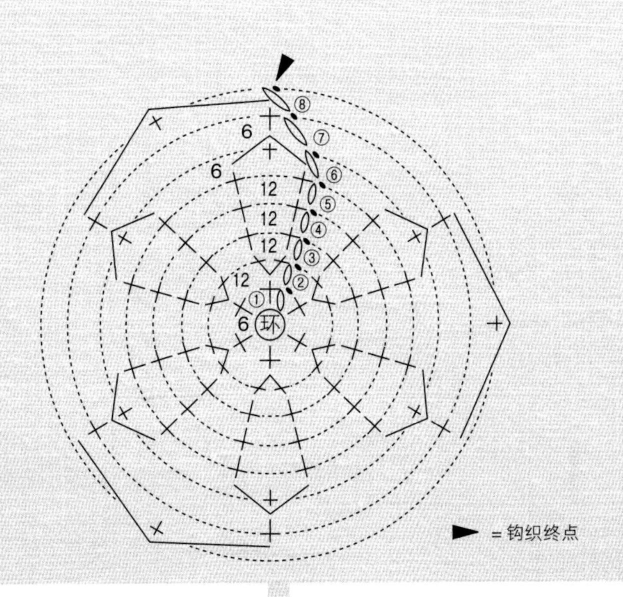

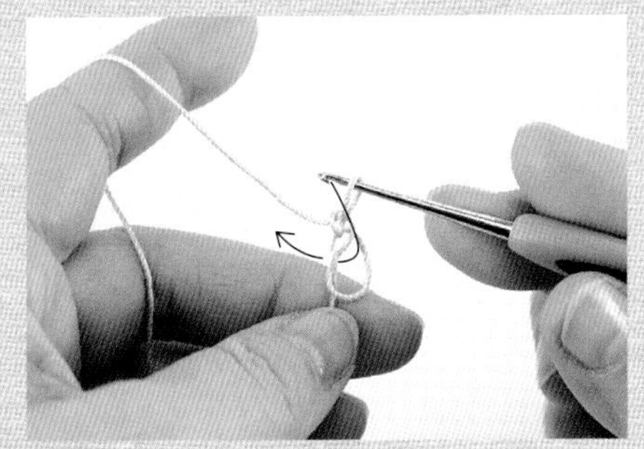

1. 用线头做环形起针，将线拉出后钩织1圈短针。

2. 钩织6针短针后，拉动线头收紧线环。

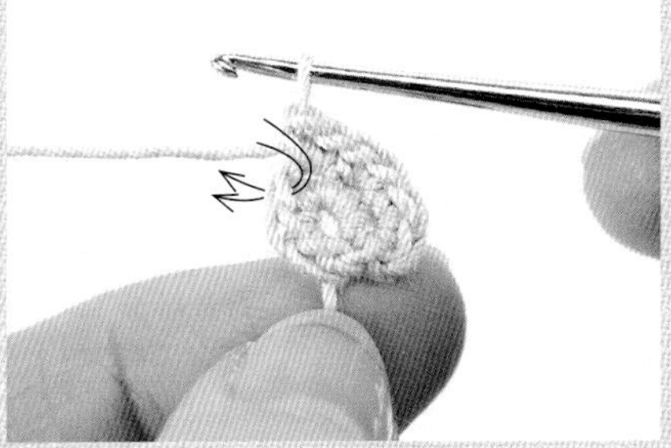

3. 第2圈在前一圈的每个针目里钩织2针短针。

4. 无须加减针钩织至第5圈后，塞入相同的线。

5. 第6圈全部钩织2针并1针，第7圈无须加减针钩织，第8圈全部钩织2针并1针。

6. 钩织至第8圈后，将线头穿入缝针，在剩下的针目里挑针后将线拉紧。

要点

在起针的线束环里一针一针均匀地钩织短针，不要留出空隙。连接各个圆环时，注意不要弄错间隔的针数。

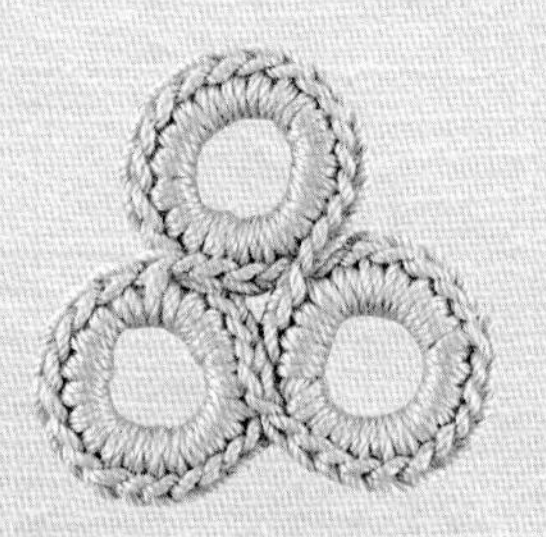

［实物大小］

圆环、圆环连接

［材料和工具］ 线…奥林巴斯 Emmy Grande〈Herbs〉米色（721）1g ＊p.48〈Herbs〉浅米色（732）；针…2 号蕾丝钩针；其他…特大号棒针 10mm

［成品尺寸］ 3.2cm×3cm（圆环的直径 1.7cm）

［钩织要点］ 在 10mm 的棒针上绕 10 圈线制作线束环（参照 p.12），钩织 1 圈短针制作 1 个圆环。从第 2 个圆环开始，一边钩织一边与前面的圆环做连接。

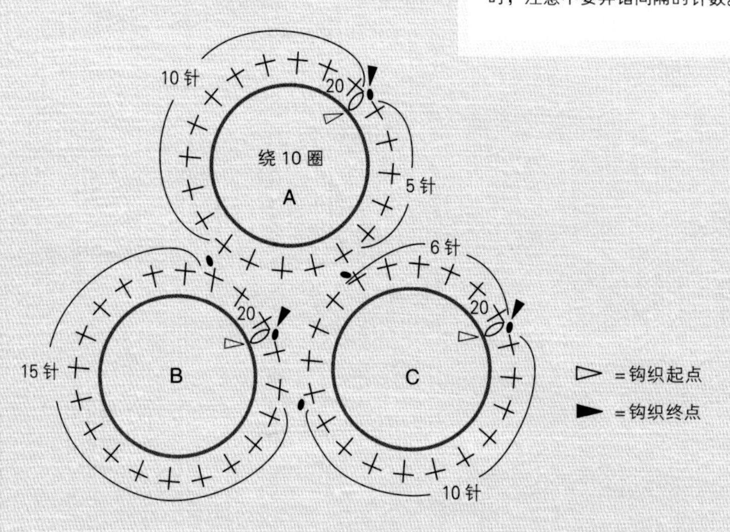

※ 编织时，全部使用相同的编织线。为了便于理解图中使用了不同颜色的线。

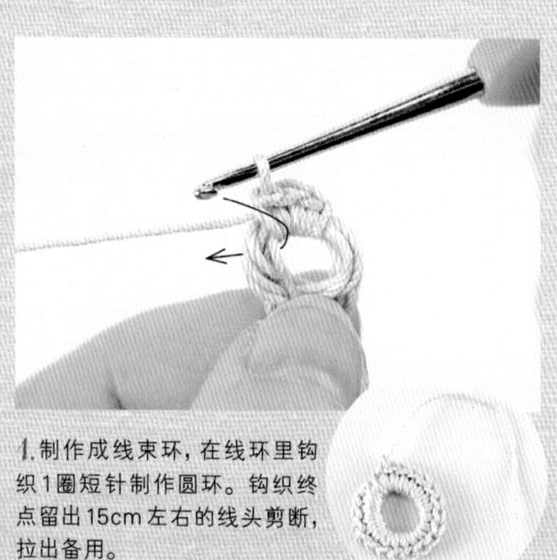

1. 制作成线束环，在线环里钩织 1 圈短针制作圆环。钩织终点留出 15cm 左右的线头剪断，拉出备用。

2. 钩织圆环 B。钩织 3 针后，暂时取下钩针，在圆环 A 的引拔位置插入钩针，再将刚才取下的针目拉出。

3. 2 个圆环就连接在了一起。回到圆环 B 继续钩织。

4. 钩织圆环 C。钩织 6 针后，暂时取下钩针。按步骤 2 的要领，与圆环 A 做连接。

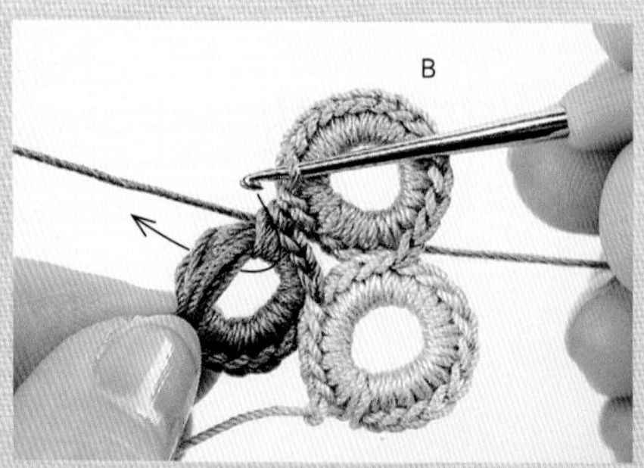

5. 接着钩织 4 针，按相同要领与圆环 B 做连接。

6. 圆环 A~C 就连接在了一起。分别留出 15cm 左右的线头，拉出备用。

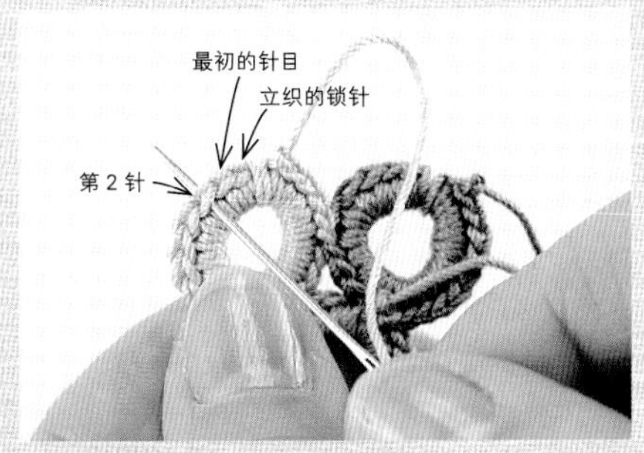

7. 将线头穿入缝针，在钩织起点的第 2 针头部插入缝针。

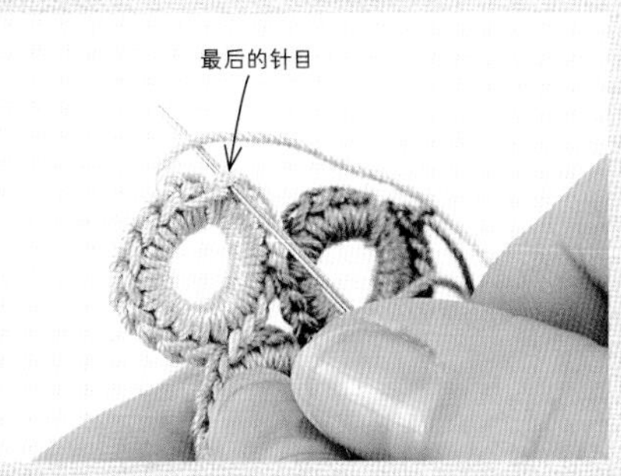

8. 在最后一针的中心插入缝针，将线拉紧。

9. 这样就缝出了 1 针重叠在钩织起点的针目头部，钩织起点与终点就连接在了一起。

要点

第 3 圈的短针要钩织得紧密整齐，不要让针目相互重叠。第 3 圈钩织完成后，再收紧中心的线环。

［实物大小］

果实 a

［材料和工具］ 线…奥林巴斯 Emmy Grande〈Herbs〉米色（721）1g ＊ p.48〈Herbs〉浅米色（732）；针…2 号蕾丝钩针

［成品尺寸］ 直径 1.7cm

［钩织要点］ 用线头做环形起针（参照 p.94），钩织 2 圈短针。第 3 圈在起针的线环里插入钩针，包住第 1、2 圈钩织。收紧起针的线环。将针目的后面当作正面使用。

第 1 圈…8 针
第 2 圈…16 针
第 3 圈…25 针
（在起针的线环里插入钩针，包住第 1、2 圈钩织）

1. 环形起针后钩织 2 圈短针。

※ 编织时，全部使用相同的编织线。为了便于理解图中使用了不同颜色的线。

2. 第 3 圈在起针的线环里插入钩针，包住第 1、2 圈钩织的短针。

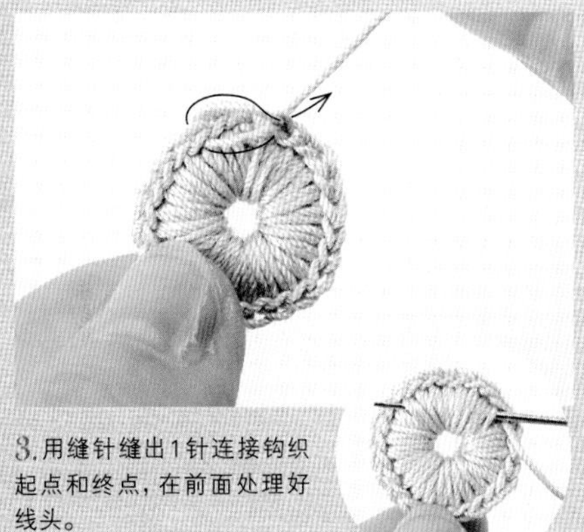

3. 用缝针缝出 1 针连接钩织起点和终点，在前面处理好线头。

4. 翻至反面，拉紧线头，收紧起针的线环。因为将针目的后面当作正面使用，所以要在前面做线头处理。

重叠钩织花瓣的花样

这是极具立体感的花样，可以呈现出 2 层或 3 层的花瓣。
先钩织网格针的锁链（基底），再在上面钩织出花瓣。

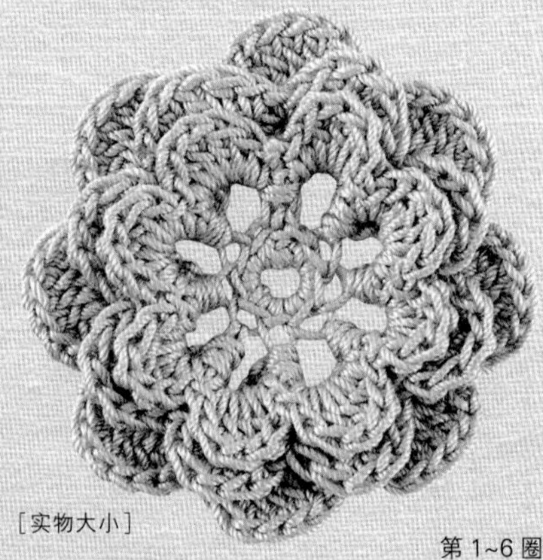

［实物大小］

3 层花瓣的玫瑰 a

［材料和工具］ 线…奥林巴斯 Emmy Grande〈Herbs〉米色（721）2g ＊p.49〈Herbs〉浅米色（732）；针…2 号蕾丝钩针

［成品尺寸］ 直径 5.3cm

［钩织要点］ 锁针环形起针（参照 p.94）后开始钩织。第 2、4、5、7 圈钩织网格针锁链（基底），第 3、6、8 圈钩织花瓣。第 7、8 圈是在前面钩织的 2 层花瓣之间钩织。

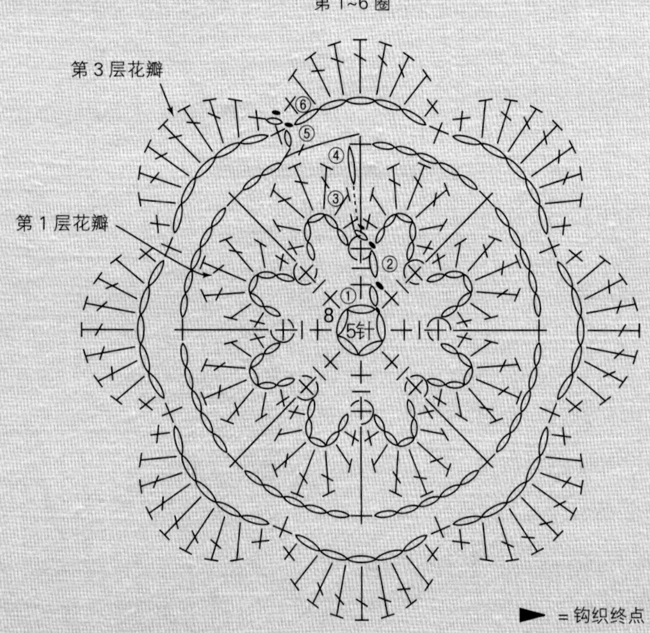

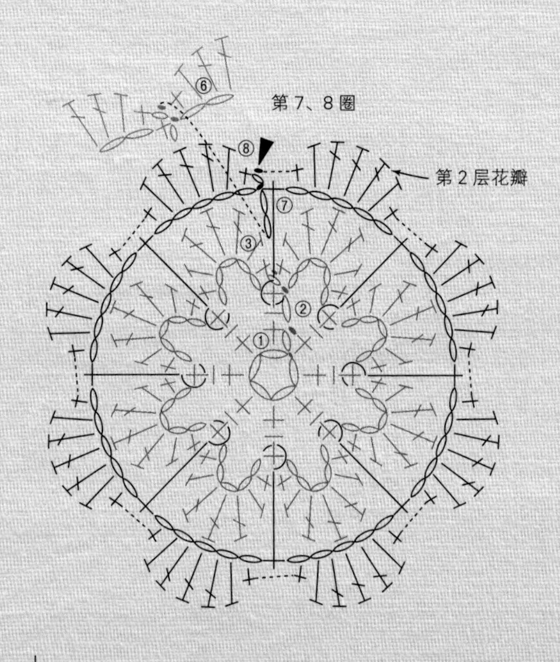

▶ ＝钩织终点

＝第 4 圈和第 7 圈的“短针的反拉针”是在第 2 圈的“短针的条纹针”上挑针钩织

※ 编织时，全部使用相同的编织线。为了便于理解图中使用了不同颜色的线。

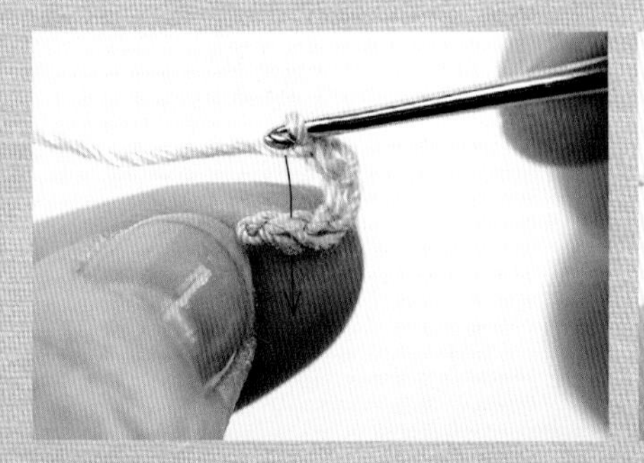

1. 钩织 5 针锁针，然后在钩织起点的锁针里引拔，连接成环形。

2. 在锁针起针的线环里挑针，钩织 1 圈短针。

3. 第 2 圈重复钩织“1 针短针的条纹针、5 针锁针”。条纹针是在前一圈短针头部的后面半针里插入钩针。

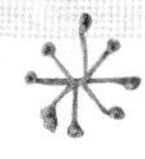

要点

第 4、7 圈的网格针锁链是从花样的反面钩织，所以实际操作时，编织图中的“短针的反拉针”要按“短针的正拉针”钩织。

4.第3圈钩织花瓣。在前一圈的锁针上整段挑针钩织（在空隙里插入钩针，包住锁针钩织）。接着，将花样翻至反面。

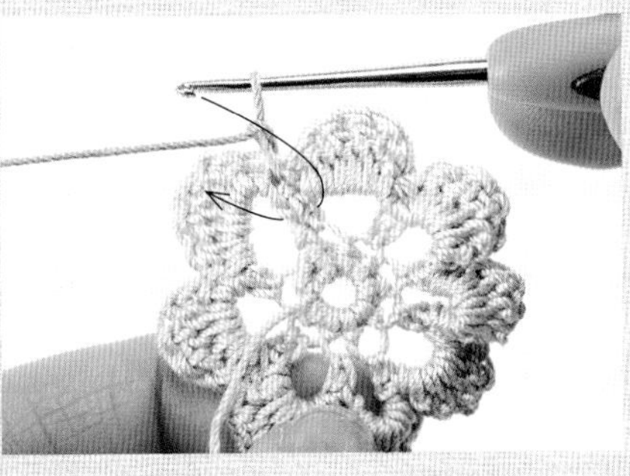

5.第4圈从反面钩织。在第2圈短针的根部挑针，钩织短针的拉针。
※从正面看是反拉针。

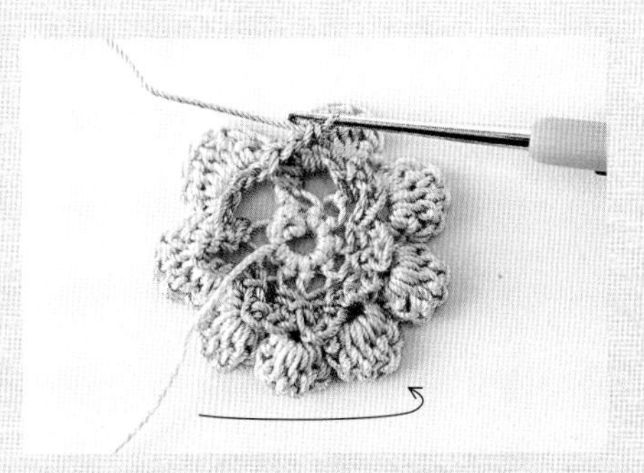

6.第4圈钩织完成后，将花样翻回正面，钩织第5圈。第4、5圈位于第1层花瓣的后面，不会露出正面。

7.第6圈钩织花瓣。在前一圈的锁针上整段挑针钩织。

8.第6圈的花瓣钩织完成。将花样翻至反面。

9.第7圈立织2针锁针，按第4圈相同要领，在第2圈短针的根部挑针钩织。

10.在第1层和第2层花瓣之间钩织的网格针锁链就完成了。将花样翻回正面。

11.第8圈钩织花瓣。将第1层花瓣倒向前面，在第7圈的锁链上整段挑针钩织。

12.这样就在第1层和第2层的花瓣之间钩织完成了第3层花瓣。

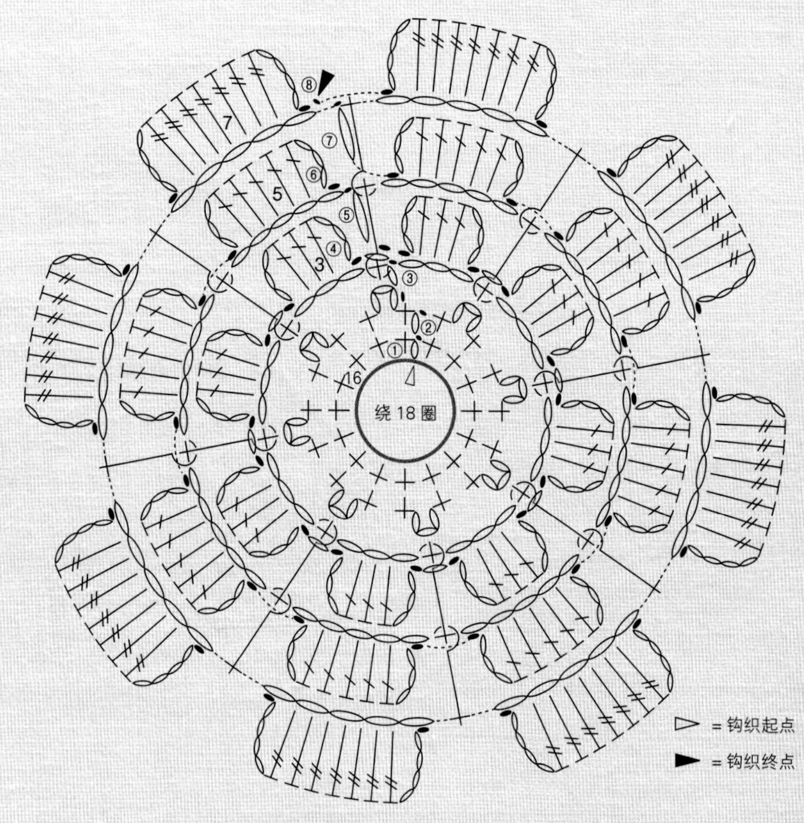

万寿菊

[实物大小]

[材料和工具] 线…奥林巴斯 Emmy Grande〈Herbs〉米色（721）2g * p.49〈Herbs〉浅米色（732）；
针…2 号蕾丝钩针；其他…特大号棒针 7mm

[成品尺寸] 直径 6cm

[钩织要点] 在 7mm 的棒针上绕线制作线环（参照 p.12）后开始钩织。第 3、5、7 圈钩织花瓣的锁链（基底），第 4、6、8 圈钩织花瓣。第 5、7 圈将花样翻至反面，朝相反方向钩织。

※ 编织时，全部使用相同的编织线。为了便于理解图中使用了不同颜色的线。

1.线束环形起针后开始钩织。第 4 圈的花瓣是在前一圈的锁针上整段挑针钩织（在空隙里插入钩针，包住锁针钩织）。

2.第 4 圈的花瓣钩织完成。将花样翻至反面。

3.第 5 圈是在第 3 圈短针的根部挑针，钩织短针的拉针。
※从正面看是反拉针。

4.第 6 圈的花瓣是从花样的正面钩织。将第 1 层花瓣向前倒，在网格针锁链上整段挑针钩织。

5.第 7 圈的基底是从花样的反面钩织。在第 5 圈“短针的拉针”的根部挑针钩织。

6.第 8 圈的花瓣钩织完成。在钩织起点的针目里引拔结束。在花样的反面做好线头处理。

从锁针两边钩织的花样

将起针的锁针分成两半，从上、下两边连续挑针钩织。
每钩织 1 行就要翻转花样的正、反面，改变方向继续钩织。

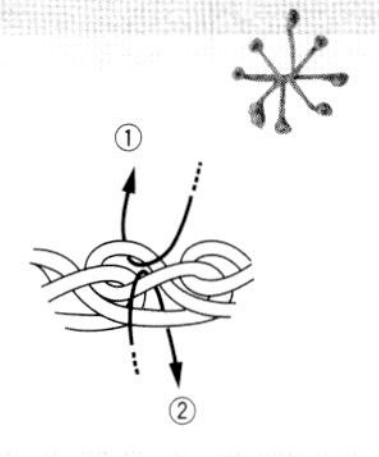

要点

在起针的锁针上挑针的方法：①从锁针的里山 1 根线里挑针；②另一侧在剩下的 2 根线里挑针。

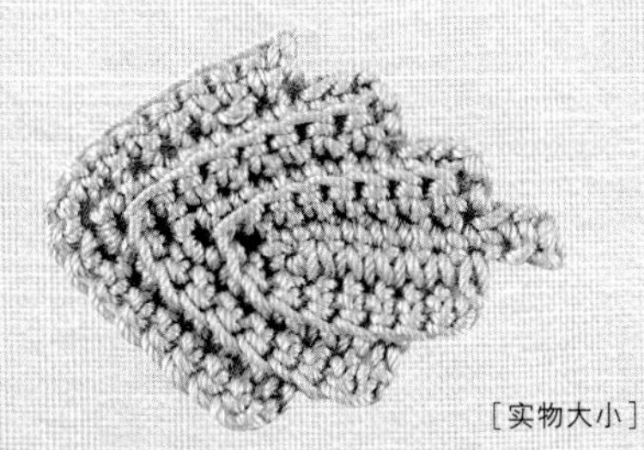

［实物大小］

叶子 a

［材料和工具］ 线…奥林巴斯 Emmy Grande〈Herbs〉米色（721）1g ＊ p.48 也一样；
针…2 号蕾丝钩针
［成品尺寸］ 4.2cm
［钩织要点］ 锁针起针后开始钩织短针。从第 2 行开始钩织短针的棱针。

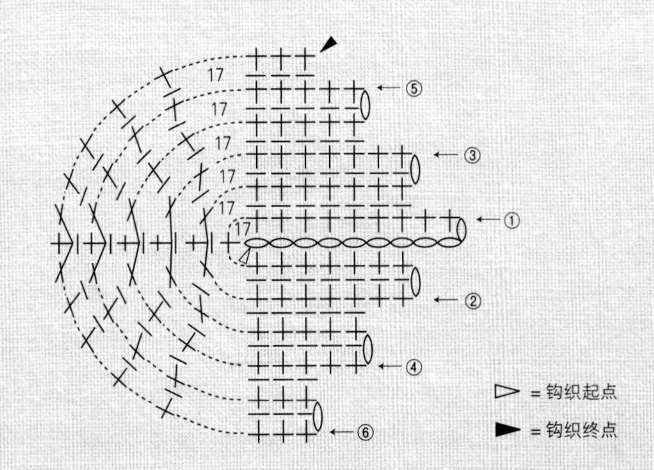

1. 钩织锁针起针，从锁针的里山挑针钩织短针。

2. 在末端的锁针里钩入 3 针短针，花样就上、下颠倒了。

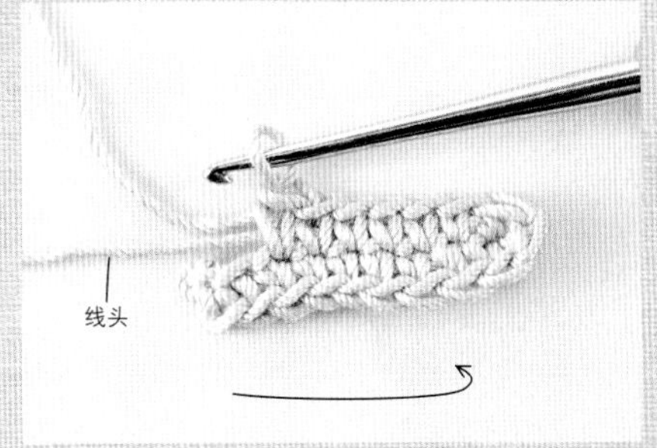

3. 在锁针剩下的 2 根线里插入钩针，包住钩织起点的线头完成第 1 行。将花样翻至反面。

4. 从第 2 行开始钩织短针的棱针。立织 1 针锁针，在前一行短针的后面半针里插入钩针，钩织短针。

5. 在转角处的针目里钩入 3 针短针，花样就上、下颠倒了。

6. 第 2 行钩织完成。将花样翻回正面。参照编织图，按相同方法钩织至第 6 行。

引返钩织的花样

钩织叶子的下半部分时，每行的针数相同。但是每 2 行要加 1 次针，并且留出相同的针数不钩织。叶子的另一半往回钩织时，注意起点处的挑针位置。

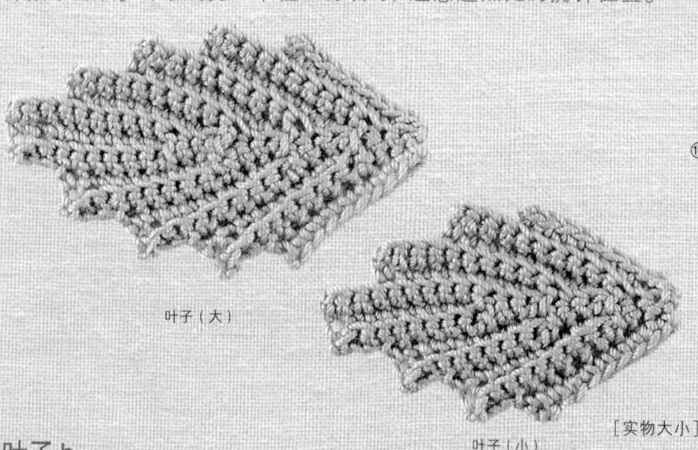

[实物大小]

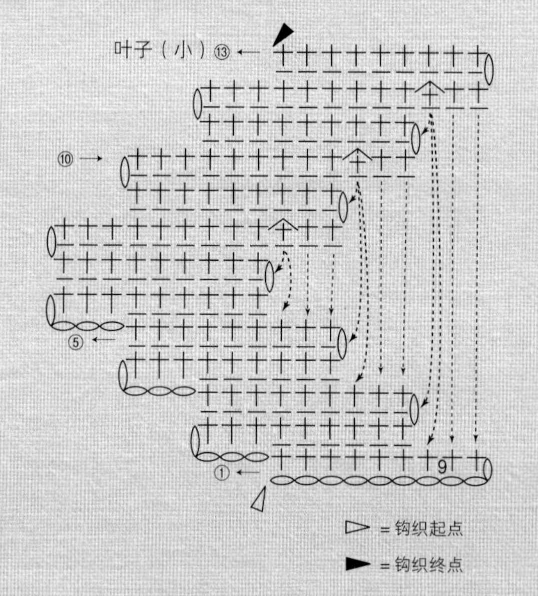

叶子 b

[材料和工具] 线…奥林巴斯 Emmy Grande〈Herbs〉米色（721）各 1g ＊p.48（大）相同，（小）〈Herbs〉浅米色（732）；针…2 号蕾丝钩针

[成品尺寸]（大）6cm，（小）5cm

[钩织要点] 钩织锁针起针，然后从里山挑针开始钩织。第 1 行钩织短针，从第 2 行开始钩织短针的棱针。叶子的下半部分在奇数行的终点钩织锁针起针，偶数行往回钩织时留出前一行的 3 针。从叶子的上半部分开始，奇数行留出 3 针往回钩织，偶数行在下半部分留出的针目上继续挑针钩织。

※ 编织时，全部使用相同的编织线。为了便于理解图中使用了不同颜色的线。

1.钩织锁针起针，从里山挑针钩织 1 行短针。结束时接着钩织 3 针锁针，将花样翻至反面。

要点

在下半部分留出的针目上挑针钩织第 1 针时，为了避免出现空隙，在立织的锁针里也要插入钩针挑针，钩织 2 针并 1 针或 3 针并 1 针。

▷ = 钩织起点

▶ = 钩织终点

2.立织 1 针锁针。接下来，锁针部分从里山挑针，前一行的短针部分从后面半针里挑针钩织。

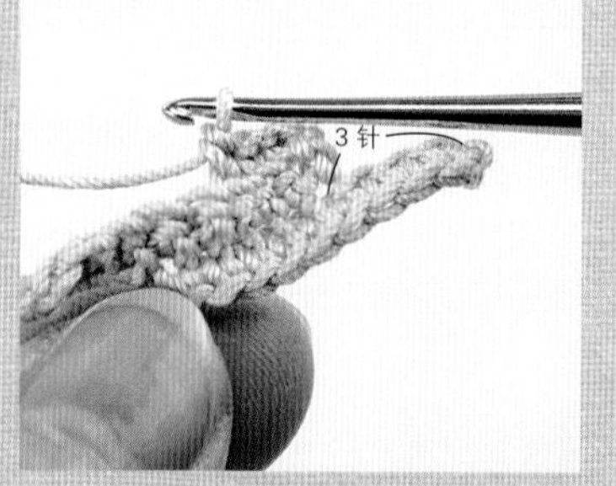

3.留出前一行的 3 针短针不钩织，将花样翻回正面，往回钩织短针的棱针。重复步骤 1~3，钩织叶子的下半部分。

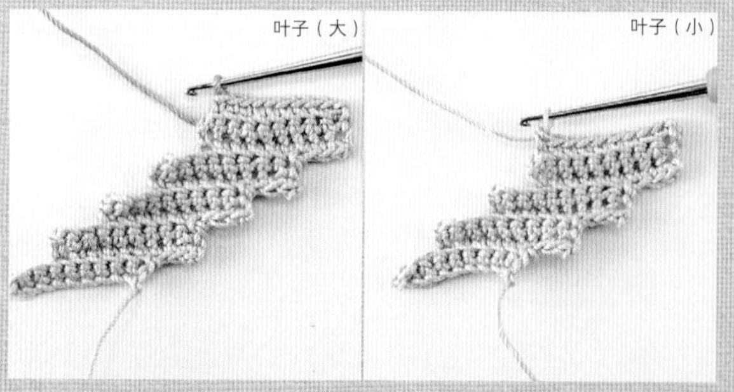

4.图中的叶子（大）是第 10 行，叶子（小）是第 8 行。从这里开始，一边在先前留出的针目上挑针一边继续钩织。

*图中以叶子（大）为例进行说明。叶子（小）按相同方法钩织。

5. 分别在前一行立织的锁针以及第7行的短针（●）的后面半针里插入钩针，将线拉出。

6. 一次性引拔穿过针上的3个线圈，完成2针短针并1针。接着在第7行留出的针目上钩织短针的棱针。

7. 第10行钩织完成。将花样翻回正面。

8. 第11行留出3针不钩织，往回钩织第12行。此时，分别在前一行和第7行立织的锁针、第5行的短针（●）的后面半针里插入钩针，将线拉出。

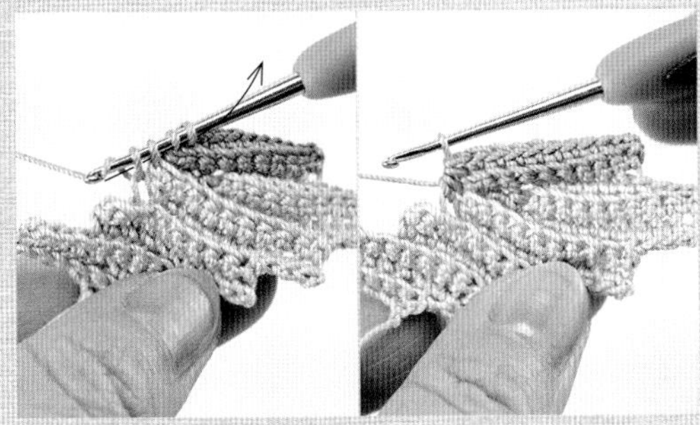

9. 一次性引拔穿过针上的4个线圈，完成3针短针并1针。接着钩织2针短针。

10. 第12行钩织完成。将花样翻回正面。重复步骤8~10钩织叶子的上半部分。

11. 第14行钩织完成。将花样翻回正面。

12. 第16行分别在前一行和第3行立织的锁针、第1行的短针的后面半针里插入钩针，钩织3针短针并1针。

13. 第17行钩织完成。钩织终点留出15cm左右的线头剪断，将线拉出后在花样的反面做好线头处理。

加入芯线钩织的花样

包住芯线（即填充线）钩织的花样是爱尔兰蕾丝钩织的特点之一。
刚开始或许有一定难度，但是只要勤加练习就会越来越得心应手。

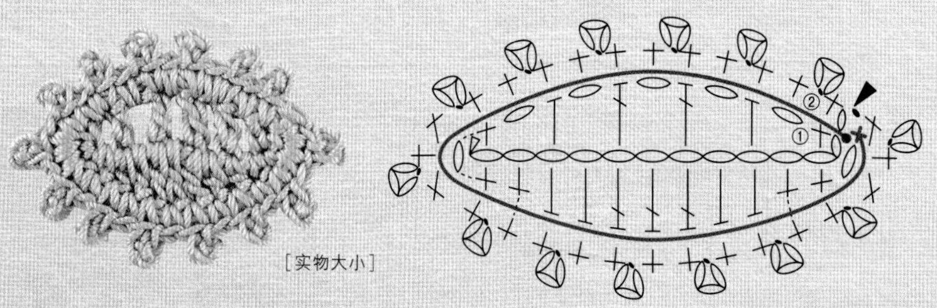

● ＝加入芯线
★加在第 1 圈的引拔针里

× ＝芯线的终点

▷ ＝钩织起点

◀ ＝钩织终点

玫瑰的叶子 a

［材料和工具］ 线…奥林巴斯 Emmy Grande〈Herbs〉米色（721）1g ＊ p.49〈Herbs〉浅米色（732）；芯线…将 80cm 长的线折成 4 折（20cm×4 根）；针…2 号蕾丝钩针

［成品尺寸］ 长 4.5cm

［钩织要点］ 锁针起针后开始钩织。在第 1 圈终点的引拔针里加入芯线。第 2 圈在花样的周围包住芯线继续钩织。钩织终点用缝针缝出 1 针与起点做连接（参照 p.12）。

要点

将 80cm 长相同的线折成 4 折后用作芯线。
在一圈（行）终点的引拔针里加入芯线。

※ 编织时，全部使用相同的编织线。为了便于理解图中使用了不同颜色的线。

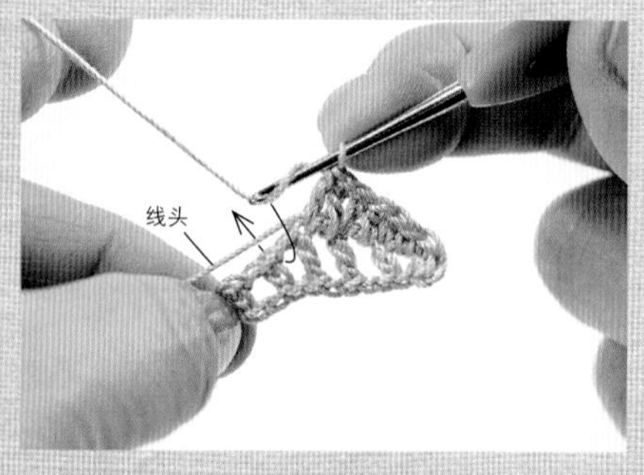

1. 从起针的锁针上挑针。钩织起点处从锁针的里山挑针钩织。另一端在锁针剩下的 2 根线里挑针，或者在锁针上整段挑针，包住线头钩织。

2. 钩织第 1 圈终点的引拔针时，加入芯线。

3. 花样的第 2 圈就接上了芯线。立织锁针，在前一圈的针目里插入钩针，连同芯线一起挑针钩织短针。

4. 前一圈为锁针以外的针目时，分开针目挑针。前一圈为锁针时，整段挑针。沿着花样的边缘包住芯线继续钩织。

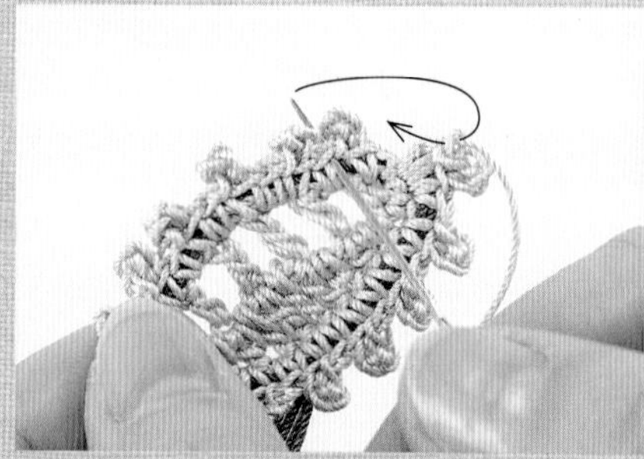

5. 将钩织终点的线头穿入缝针，缝出 1 针与第 2 圈的起点做连接（参照 p.12）。

6. 将编织线头和多余的芯线穿入花样反面的针目里，做好线头处理。

［实物大小］

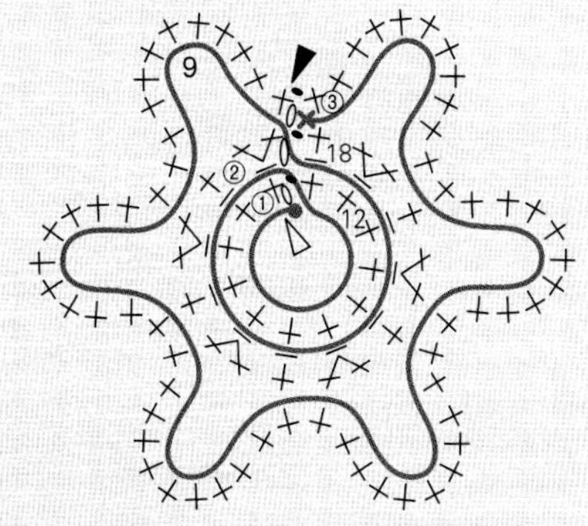

● ＝加入芯线

× ＝芯线的终点

▷ ＝钩织起点

▶ ＝钩织终点

雏菊 a

［材料和工具］ 线…奥林巴斯 Emmy Grande〈Herbs〉米色（721）1g ＊p.49〈Herbs〉米白色（800）；芯线…将 120cm 长的线折成 4 折（30cm×4 根）；针…2 号蕾丝钩针

［成品尺寸］ 直径 3.5cm

［钩织要点］ 将编织线接在芯线上，从花朵的中心开始钩织。包住芯线钩织，连成环形。第 2 圈钩织短针的条纹针。第 3 圈除了花瓣与花瓣之间的 2 针以外，都只在芯线上钩织。钩织终点用缝针缝出 1 针与起点做连接（参照 p.12）。

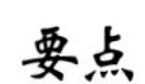

要点

将 120cm 长相同的线折成 4 折后用作芯线。由于芯线的松紧度会影响花瓣的大小，所以每钩织 1 片花瓣就要整理一下形状。

※ 编织时，全部使用相同的编织线。为了便于理解图中使用了不同颜色的线。

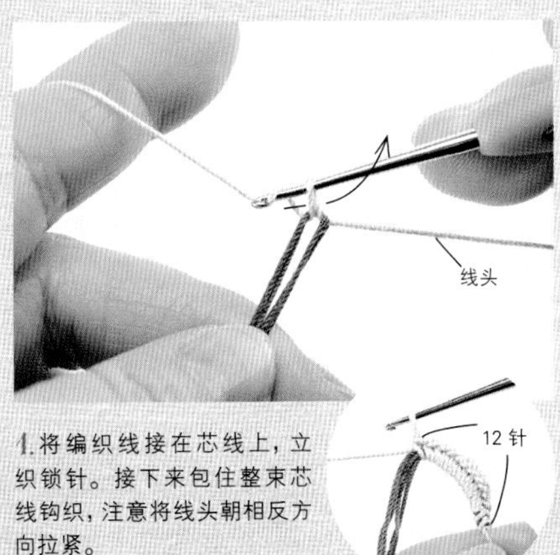

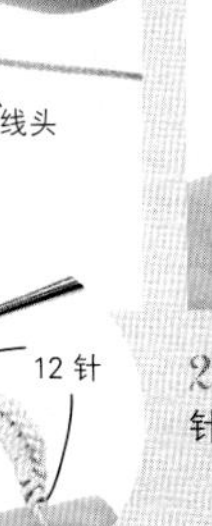

1.将编织线接在芯线上，立织锁针。接下来包住整束芯线钩织，注意将线头朝相反方向拉紧。

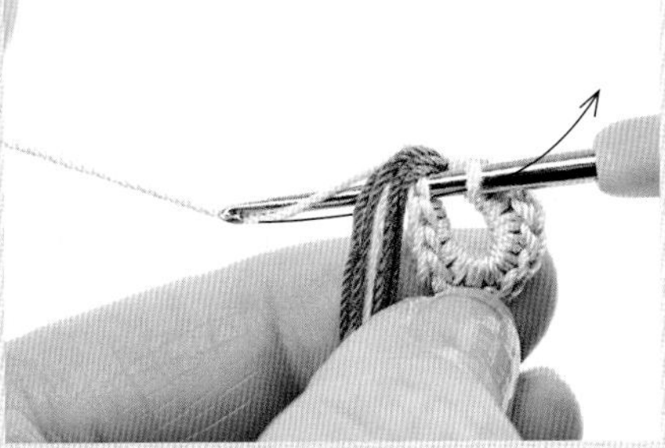

2.在芯线上钩织 12 针后，在钩织起点的针目里插入钩针，将芯线和线头挂在针上，引拔成环形。

3.第 2 圈钩织短针的条纹针。包住芯线和线头一起钩织。

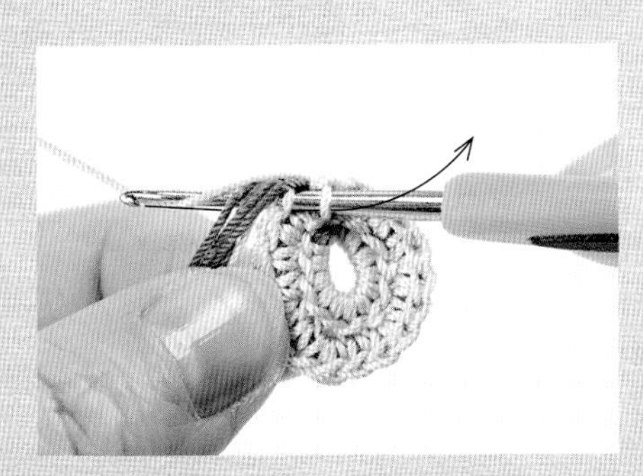

4.这是第 2 圈的钩织终点。在起点的针目里插入钩针，将芯线挂在针上引拔。

5.立织锁针，接着钩织 1 针短针，花瓣部分只需将芯线挂在针上钩织短针。

6.1 片花瓣钩织完成。每钩织 1 片花瓣就要整理一下形状。

［实物大小］

三叶草

［材料和工具］ 线…奥林巴斯 Emmy Grande〈Herbs〉米色（721）2g
* p.48 浅茶色（736）；芯线…将 160cm 长的线折成 4 折（40cm×4 根）；
针…2 号蕾丝钩针；其他…特大号棒针 8mm

［成品尺寸］ 5cm

［钩织要点］ 将编织线接在芯线上，从叶柄开始钩织。从叶柄的第 1 行接着按叶片 A→B→C 的顺序分别钩织 2 行。叶片 C 的钩织终点在叶柄上引拔，接着钩织叶柄的第 2 行。圆环是在 8mm 的棒针上绕 15 圈线制作成线束环（参照 p.12），钩织完成后缝在三叶草的叶片中心。

圆环

绕 15 圈

15

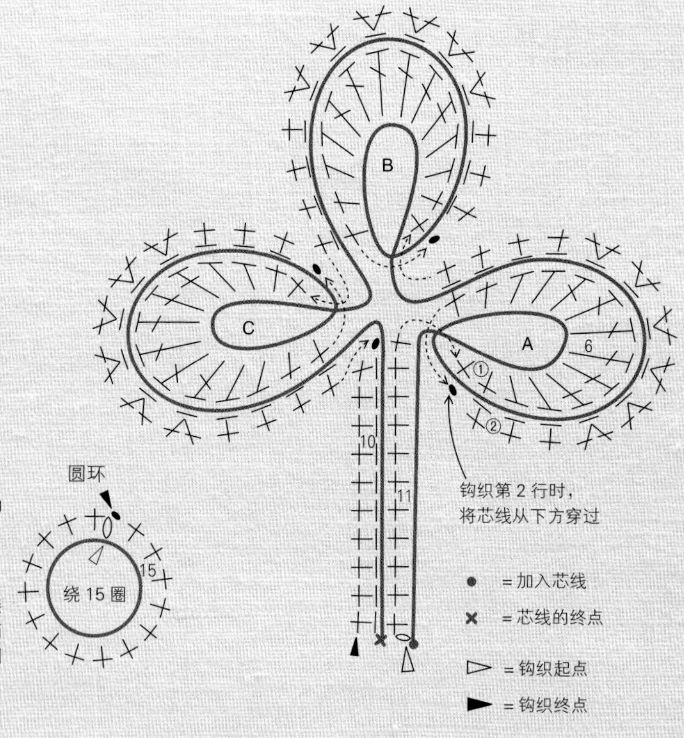

※ 编织时，全部使用相同的编织线。为了便于理解图中使用了不同颜色的线。

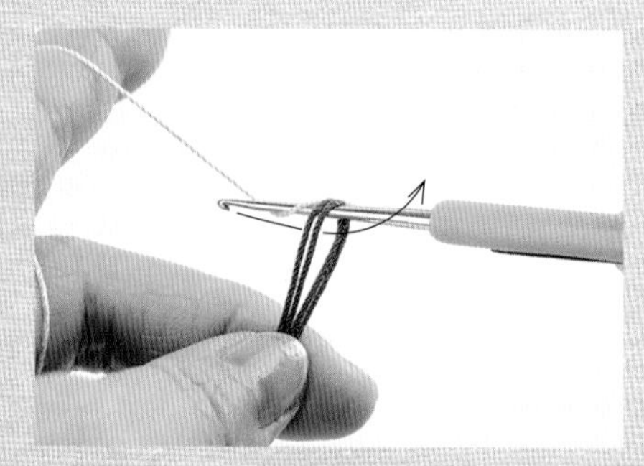

1. 将编织线接在芯线上，钩织叶柄的第 1 行。包住整束芯线钩织 11 针。

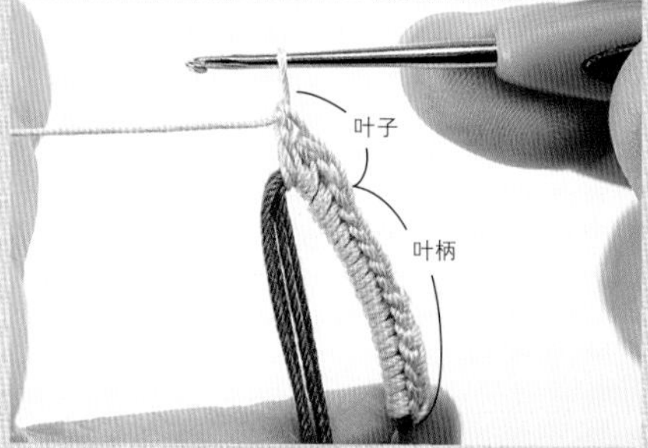

2. 从叶柄接着钩织叶片 A 的第 1 行。

3. 在叶片 A 钩织起点的短针上引拔。这时，将芯线从花样的下方穿过来挂在针上。

4. 钩织叶片 A 的第 2 行。在前一行针目的后面半针里插入钩针，包住芯线钩织。

5. 在前一行的 6 针长针里分别钩入 2 针短针。

6. 叶片 A 钩织完成。接着，按相同方法钩织叶片 B。

要点

将 160cm 长相同的线折成 4 折后用作芯线。用花样钩织终点的线头将圆环缝在三叶草的中心。

7.叶片B的第1行钩织完成。在钩织起点的短针上钩引拔针。

8.叶片B钩织完成。接着，按相同方法钩织叶片C。

9.叶片C的第1行钩织完成。在钩织起点的短针上引拔。

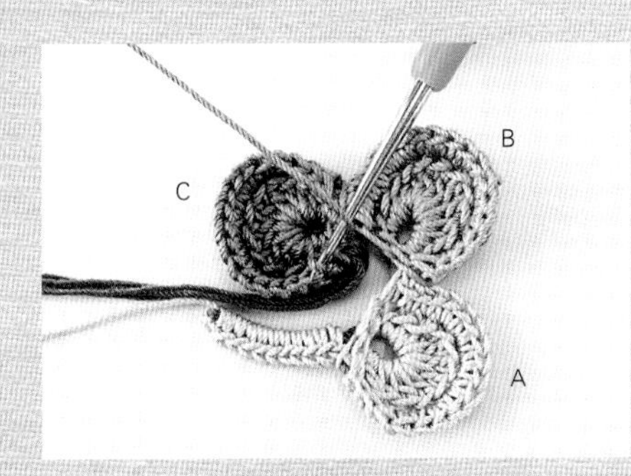

10.叶片C钩织完成。接着钩织叶柄的第2行。

11.在叶柄的第11针里插入钩针，将芯线挂在针上一次性引拔。这时，要将叶柄的第1行翻至反面。

12.从下一针开始，在前一行针目的后面半针里插入钩针，包住芯线钩织。

13.钩织至最后，将芯线分成2股，分别做好线头处理。

14.钩织圆环，留出20cm左右的线头，穿入缝针。

15.用圆环的线头将圆环缝在三叶草的中心。

与网格针结合的花样

花样育克套头衫

在网格针中嵌入花朵和果实花样制作成正方形花片。改变花片的方向可以增加视觉上的变化。

钩织方法…p.72
花样 / 果实 a、万寿菊、叶子 b

网兜和零钱包

网兜可以塞入底部圆形花片的内层中变成小靠垫的形状。首先从零钱包开始尝试钩织吧。

钩织方法…p.75
花样 / 3 层花瓣的玫瑰 a、叶子 a

基础教程：用网格针连接花样 ①

下面介绍的是将钩织好的花样连接到网格针基底上的方法。如果是大件的连接作品，初学者可能会望而却步。不过，像这样小巧的正方形花片钩织起来比较简单，还可以自由连接成各种大小。使用封二上与 Emmy Grande 线相同密度的网格针用纸，就能自由调整形状和大小，大家也可以试着挑战一下原创作品。

[实物大小]

钩织“网兜和零钱包”中的网格针花片 图片…p.28

[材料和工具] 线…奥林巴斯 Emmy Grande；针…2 号蕾丝钩针
[花样] 3 层花瓣的玫瑰 a…p.16，叶子 a…p.19
[成品尺寸] 8.5cm×8.5cm
[连接要点] 请参照 p.30 的步骤详解进行钩织。

试试与 Emmy Grande 线相同密度的网格针用纸吧！

[准备材料]
描图纸、铅笔、相同密度的网格针用纸（封二）

1. 在描图纸上画出与想要钩织作品一样大小的方框。

2. 在步骤 1 的方框中描出嵌入花样的实物大小轮廓（参照 p.48~60）。

3. 将步骤 2 中画好的描图纸放在相同密度的网格针用纸上，描出网格针，并将花样与网格针的连接部分改成引拔针。

使用复印机的情况…

对书中的花样进行改编，或者想连接书本以外的花样时，复印后使用更加方便。

1. 在相同密度的网格针用纸的反面画出与想要钩织作品一样大小的方框。
2. 将花样反面朝上放在复印机的原稿台上，然后将相同密度的网格针用纸覆盖在上面一起复印。
3. 将描图纸放在步骤 2 的复印件上，描出网格针，并将花样与网格针的连接部分改成引拔针。

复印完成

放上描图纸，描出网格针

移动网格针用纸，使花样位于方框的中间

→ ⑱

⑯ →

← ⑮

在叶子a上
做引拔连接

①

→ ⑩

在“3层花瓣的玫瑰a”
第5圈的短针上挑针，
钩织基底

← ⑤

③ ←

② →

← ①

33针锁针、8个网格

▷ = 接线
▶ = 断线

※ 编织时，全部使用相同的编织线。为了便于理解图中使用了不同颜色的线。

用网格针连接花样的钩织顺序

1. 先在“3层花瓣的玫瑰a”的反面钩织网格针的基底。

2. 网格针的前2行是整片连起来钩织，从第3行开始先钩织嵌入花样的半边（米色）。钩织至第15行后将线剪断。

3. 接着钩织剩下的半边（绿色）。在编织图的第3行指定位置接线后继续钩织。在第16行将整片连起来钩织至第18行。

4. 在织物的反面做好线头处理。

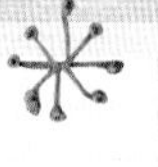

要点

先在“3层花瓣的玫瑰a”的反面钩织基底，然后在钩织底部的网格针时再与之连接，这样可以使花样看上去更具有立体感。

◎在花样的反面钩织基底（黑色）

1. 在“3层花瓣的玫瑰a”的反面接线，在花样第5圈的短针上挑针钩织“1针拉针、5针锁针”。

2. 在基底的引拔针位置连接叶子a。

3. 钩织1圈基底后，在起点的针目里引拔，拉出线头，收紧针目。

◎钩织网格针的半边（米色）

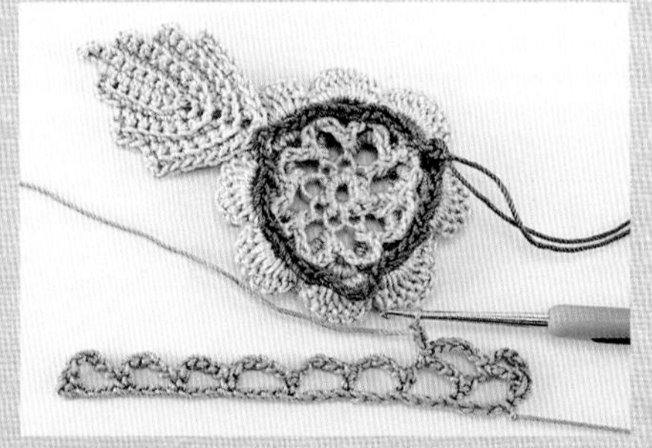

4. 这是网格针的第2行。因为是从反面钩织，所以将花样翻至反面，在基底的锁针上整段挑针引拔。

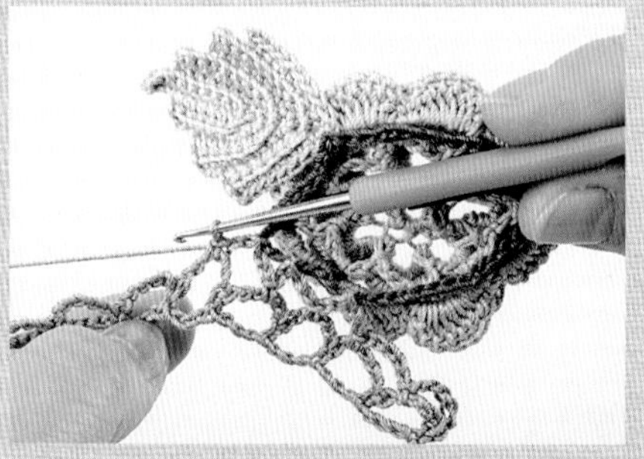

5. 网格针的第2行在3处钩引拔针完成连接。继续钩织至行末。

6. 这是网格针的第3行。因为是从正面钩织，所以要从花样的正面整段挑起基底的锁针引拔。

7.与花样连接后，在此处翻转织物钩织第4行。

8.第7行钩织完成，开始钩织第8行。这里要在叶子a上引拔，然后翻转织物。

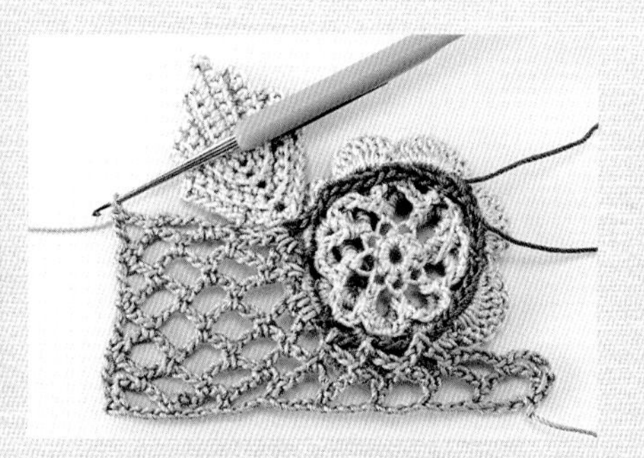

9.在叶子a与网格针的连接处引拔连接（参考p.29的实物大小图片）。第8行钩织完成。

◎钩织剩下的半边（绿色）

10.钩织至第15行后，拉出线头，收紧针目。

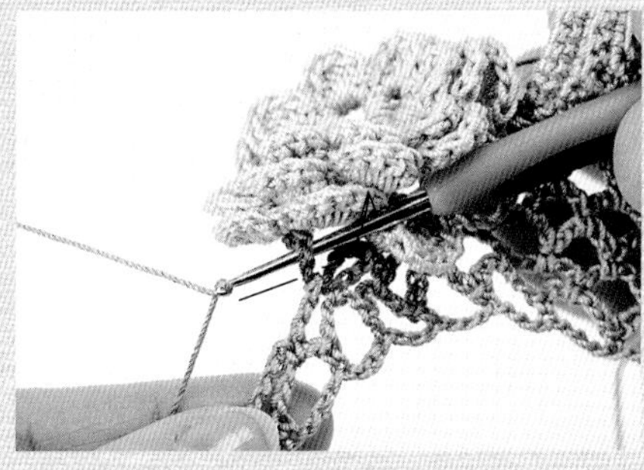

11.从网格针第3行的中间开始钩织。在"3层花瓣的玫瑰a"的基底上接线。

12.参照图示，一边钩织一边与花样做连接。

◎线头处理

13.从第16行开始，与先前钩织的半边（米色）连起来钩织。用网格针连接花样的织物就完成了。

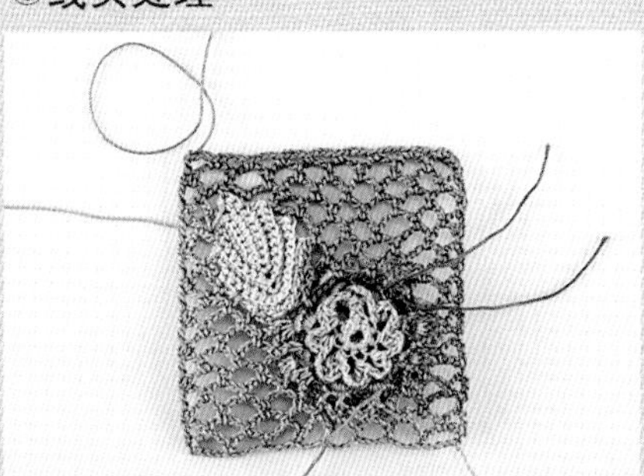

14.这是织物的反面。3层花瓣的玫瑰a只是在基底上做了连接。分别留出15cm左右的线头剪断。

15.用缝针将线头穿入织物的反面，做好线头处理。

花样的连接和缝合

圆环连接的束口袋

连接大小不一的圆环制作成了圆鼓鼓的束口袋。不使用花朵花样的爱尔兰蕾丝也很讨人喜欢。

钩织方法…p.78
花样 / 圆环 a、b

红色小围巾

绚丽的红色小配饰只占小小的面积，也能成为服饰的一大亮点。在围巾的一端再缝上蝴蝶花样加以点缀。

钩织方法…p.79
花样 / 叶子 a 和 b、万寿菊、铁线莲、报春花、雏菊 b、蝴蝶

复古风手提包

这款手提包缝上了许多立体花样，散发着浓浓的怀旧气息。在包口加入了衬垫，使作品更加挺括有型。

钩织方法…p.80
花样 / 三叶草、叶子 b、万寿菊、果实 a、水滴

装饰领

为了使初学者也能轻松完成，
钩织简单的网格针衣领底片，
然后像贴布缝一样缝上花样即可。

钩织方法…p.82
花样 / 牛舌草、玫瑰的叶子 c、雏菊 b

小外搭

这款小外搭上装饰的基础花样选自《第一次玩爱尔兰立体蕾丝钩编》。大家也可以调整花样的布局和数量，钩织出专属于自己的作品。

钩织方法…p.84

花样 / 玫瑰的叶子 b 和 d、果实 b、3 层花瓣的玫瑰 b 和 c、叶子 c、凤仙花、铁线莲

花朵围巾

连接在围巾两端的花样宛如尽情绽放的花朵，仿佛随时会有花瓣飘落下来。

钩织方法…p.87
花样 / 岩玫瑰、玫瑰的叶子 c

扁平手提包

黑色的蕾丝花样给人成熟雅致的感觉。这款作品的组合使用了镂空感十足的花样和富有立体感的花样。

钩织方法…p.88
花样 / 向日葵、海石竹

迷你披肩

用横向连接花样制作的这款小披肩使用了深色调。
如果选择自然色系，则会给人一种甜甜的少女感。

钩织方法…p.90
花样 / 三叶草、玫瑰的叶子 a、四照花 a、2 层花瓣的玫瑰、雏菊 b

镂空大披肩

这款披肩由镂空感十足的花片连接而成。
流苏末端的爱尔兰蕾丝小花样随身摇曳。

钩织方法…p.74
花样 / 水滴、海滩芥、海冬青、雏菊 b

咖啡帘

在窗边挂上手工制作的咖啡帘。下边的花样彰显了爱尔兰蕾丝的韵味。这款作品也可以用作披肩。

钩织方法…p.92
花样 / 春美草、婆婆纳、报春花、圆环 a

装饰垫

装饰在垫子周围的小花和点缀在咖啡帘上的小花是同款。不妨用这款作品练习芯线的钩织方法。

钩织方法…p.93
花样 / 春美草

蕾丝饰边的钩织

花边

将花边装饰在天然材质的简约围巾上，可以增加手作的唯美感。这样的改造怎么样?

钩织方法…p.62

A
B
C

饰带

这些是加入爱尔兰蕾丝花样的饰带。朴素的竹篮也焕然一新，变得十分雅致、可爱。

钩织方法…p.63
花样 / A 岩玫瑰，B 春美草，C 四照花 b

让人跃跃欲试的爱尔兰蕾丝花样

花样均为实物大小

三叶草…p.24

叶子 a…p.19

果实 a…p.15

圆环连接…p.14

叶子 b（小、大）…p.20

水滴…p.13

万寿菊…p.18

雏菊 a…p.23

3 层花瓣的玫瑰 a…p.16

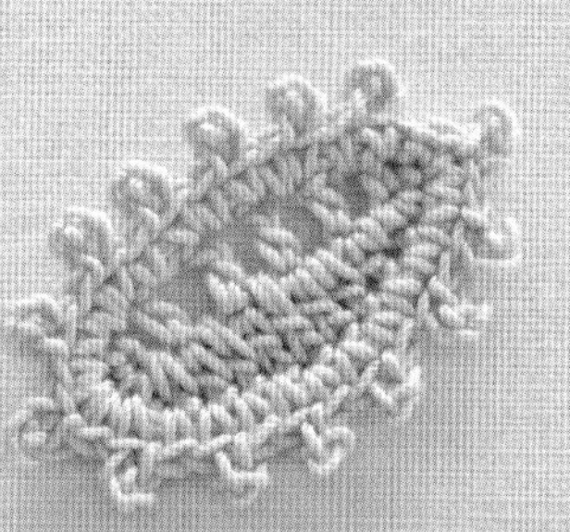

玫瑰的叶子 a…p.22

叶子 c…p.50

花样的钩织方法

叶子 c

图片…p.49

[材料和工具] 线…奥林巴斯 Emmy Grande〈Herbs〉浅米色（732）1g；针…2 号蕾丝钩针

[成品尺寸] 4cm

[钩织要点] 锁针起针后开始钩织。第 1 行钩织短针，从第 2 行开始钩织短针的棱针。为了使叶子边缘形成平滑的斜线，各行的起点跳过第 1 针不钩，终点钩织至前一行的倒数第 2 针。

雏菊 b

图片…p.52

[材料和工具] 线…奥林巴斯 Emmy Grande〈Herbs〉米色（721）1g；芯线…将 80cm 长的线折成 4 折（20cm×4 根）；针…2 号蕾丝钩针；其他…特大号棒针 7mm

[成品尺寸] 直径 3cm

[钩织要点] 在 7mm 的棒针上绕线制作线环，钩织 1 圈短针。在终点的引拔针里加入芯线，花瓣只在芯线上挑针钩织。钩织终点用缝针缝出 1 针与起点的针目做连接（参照 p.12）。

3 层花瓣的玫瑰 b、c

图片…p.52

[材料和工具] 线…奥林巴斯 Emmy Grande〈Herbs〉 b 米白色（800）1g，c 浅米色（732）2g；针…2 号蕾丝钩针；其他…c 10 号棒针（针轴 5.1mm）

[成品尺寸] b、c 直径 4.5cm

[钩织要点] b 是锁针环形起针（参照 p.94），c 是在 10 号棒针上绕线制作线环后开始钩织。第 1、3、5 圈钩织花瓣的网格针锁链（基底），第 2、4、6 圈钩织花瓣。第 3、5 圈将花样翻至反面，改变方向钩织。钩织终点用缝针缝出 1 针与起点的针目做连接（参照 p.12）。

▷ = 钩织起点
▶ = 钩织终点

● = 加入芯线
✕ = 芯线的终点

3 层花瓣的玫瑰 b

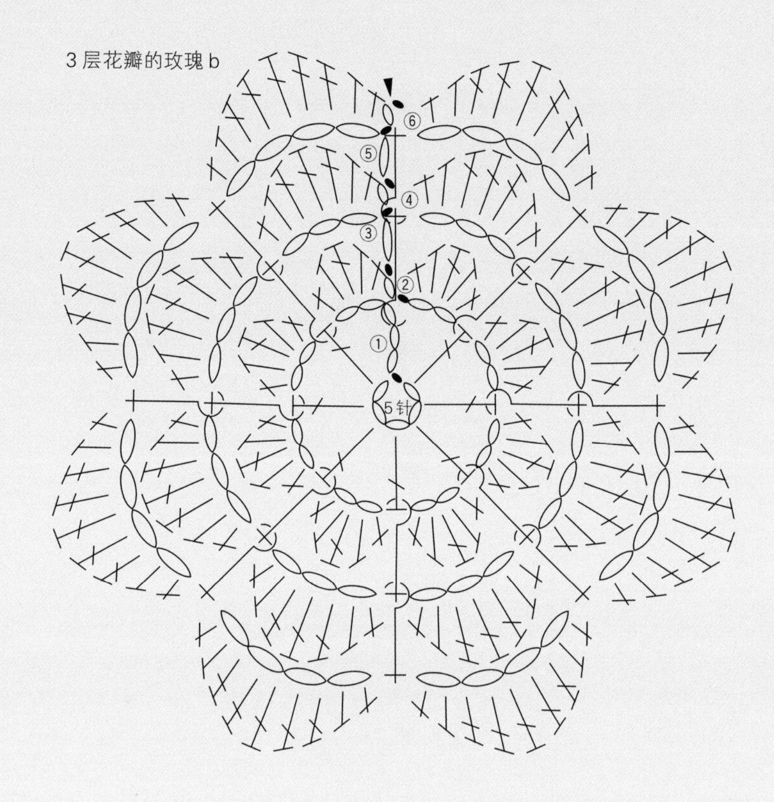

叶子 c

3 层花瓣的玫瑰 c

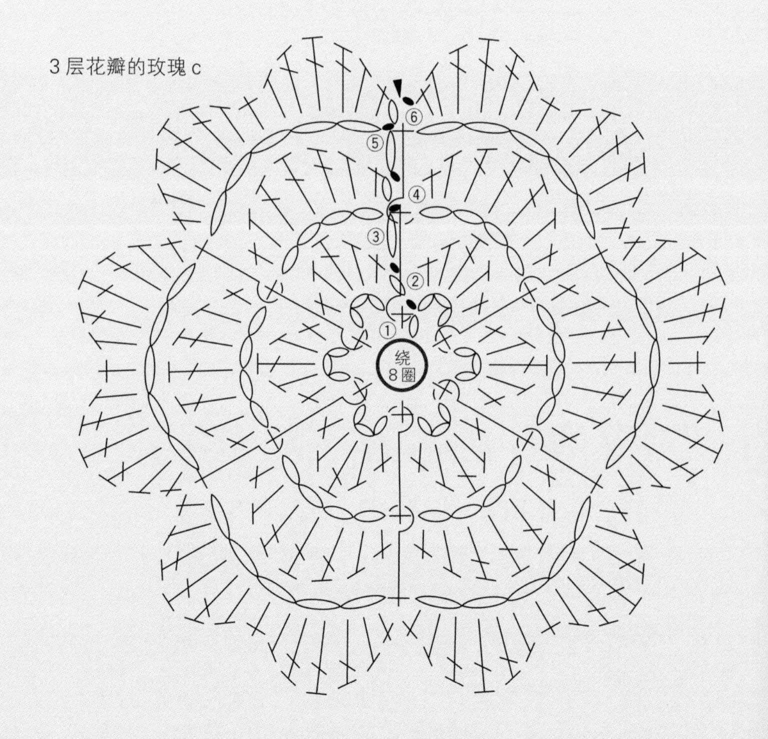

雏菊 b

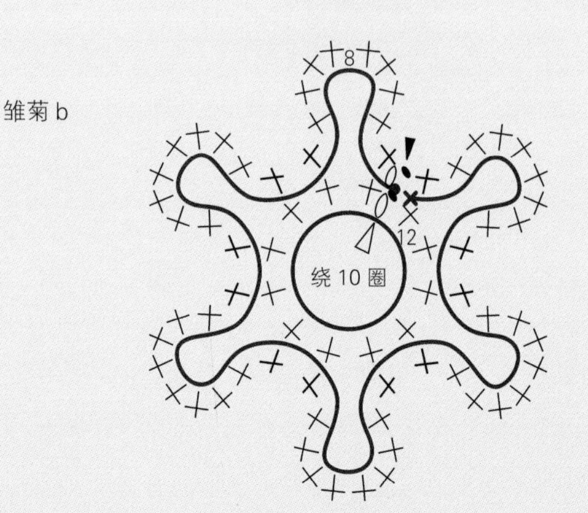

玫瑰的叶子 b

图片…p.52

[材料和工具] 线…奥林巴斯 Emmy Grande〈Herbs〉浅米色（732）1g；芯线…将 140cm 长的线折成 4 折（35cm×4 根）；针…2 号蕾丝钩针

[成品尺寸] 6cm

[钩织要点] 从叶片 A 开始钩织。从锁针起针的里山挑针，连续钩织叶片 A、B、C。叶片 C 的钩织终点在叶片 A 的锁针上引拔时，加入芯线。在叶片的周围包住芯线钩织短针。接着钩织 2 行叶柄。

玫瑰的叶子 c、d

图片…p.52

[材料和工具] 线…奥林巴斯 Emmy Grande c 原白色（804）1g，d 浅茶色（736）1g；芯线…c 将 45cm 长的线折成 4 折（11.25cm×4 根），d 将 80cm 长的芯线折成 4 折（20cm×4 根）；针…2 号蕾丝钩针

[成品尺寸] c 3.2cm、d 4.5cm

[钩织要点] 钩织锁针起针，然后从锁针的里山挑针钩织 1 行。在终点的引拔针里加入芯线。接着在花样的周围包住芯线钩织短针，注意叶子两端的锁针部分要将芯线沿着花样拉过来。钩织终点用缝针缝出 1 针与起点的针目做连接（参照 p.12）。

圆环 a、b

图片…p.53

[材料和工具] 线…奥林巴斯 Emmy Grande〈Herbs〉 a 米色（721）1g，b 米色（721）、浅米色（732）各 1g；针…2 号蕾丝钩针；其他…a〈18 针〉特大号棒针 10mm、〈12 针〉15 号棒针（针轴 6.6mm），b 特大号棒针 10mm

[成品尺寸] a〈18 针〉直径 1.7cm、〈12 针〉直径 1.1cm，b 直径 3.2cm

[钩织要点] 分别在指定号数的棒针上绕线制作线环，钩织 1 圈短针。b 的第 2 圈是在前一圈短针的外侧半针里插入钩针，钩织长针。钩织终点用缝针缝出 1 针与起点的针目做连接（参照 p.12）。

果实 b

图片…p.53

[材料和工具] 线…奥林巴斯 Emmy Grande 原白色（804）1g；针…2 号蕾丝钩针；其他…10 号棒针（针轴 5.1mm）

[成品尺寸] 直径 1.2cm

[钩织要点] 在 10 号棒针上绕线制作线环，钩织 1 圈短针。第 2 圈取 2 根线合股钩织，在起针的线环里插入钩针，包住第 1 圈针目钩织。钩织终点用缝针缝出 1 针与起点的针目做连接（参照 p.12）。将针目的后面当作正面使用。

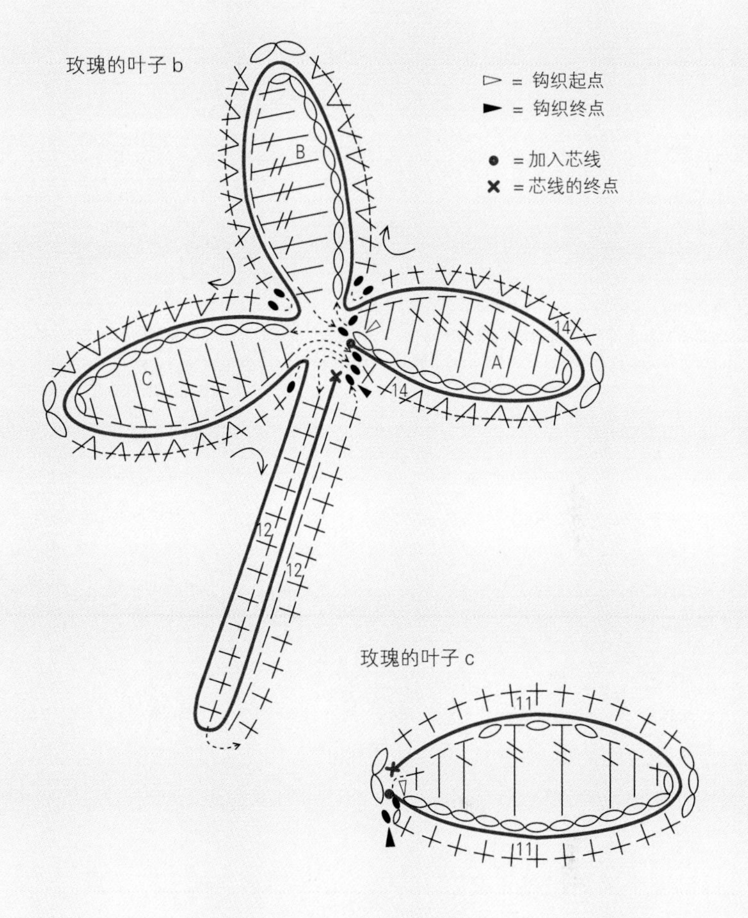

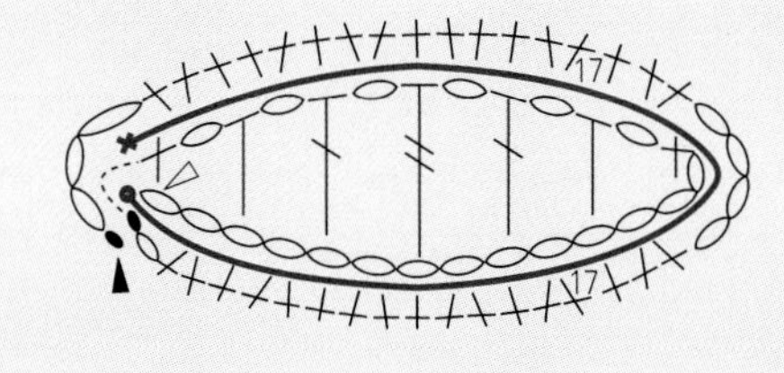

圆环 b

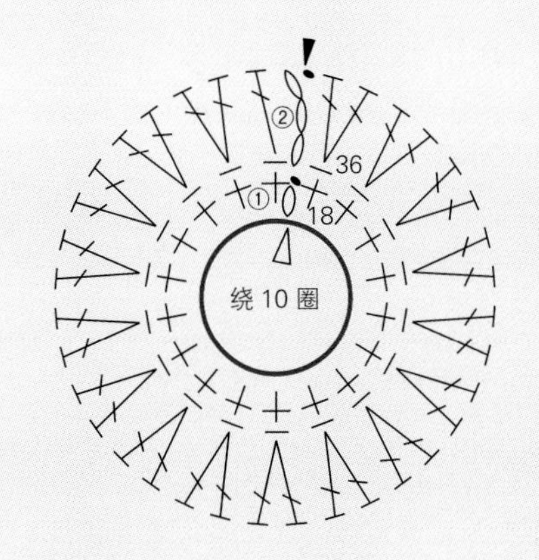

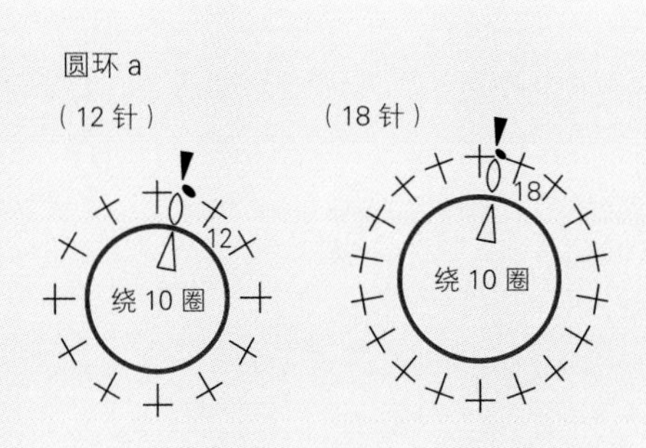

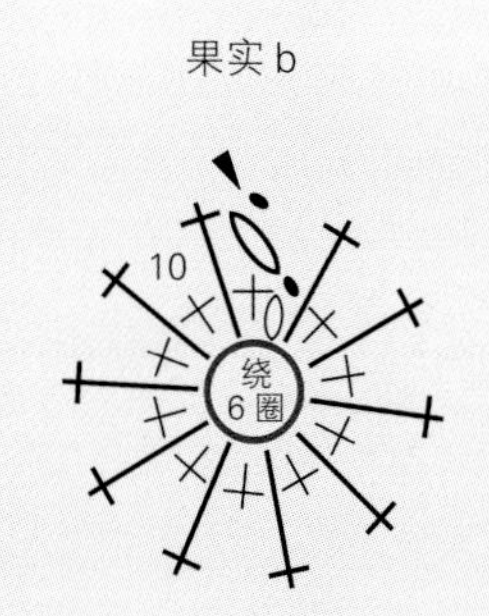

玫瑰的叶子 b…p.51

雏菊 b…p.50

3 层花瓣的玫瑰 b…p.50

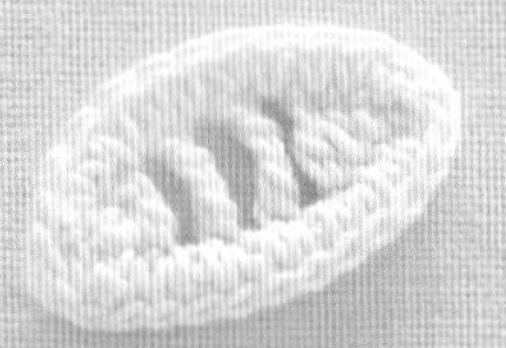

玫瑰的叶子 c…p.51

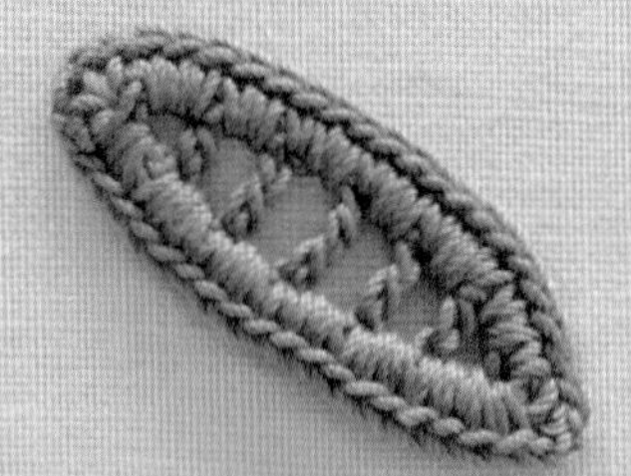

玫瑰的叶子 d…p.51

3 层花瓣的玫瑰 c…p.50

果实 b…p.51

春美草…p.55

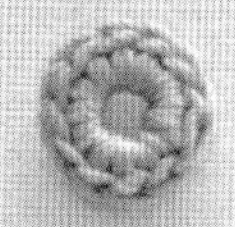

圆环 a（12 针、18 针）…p.51

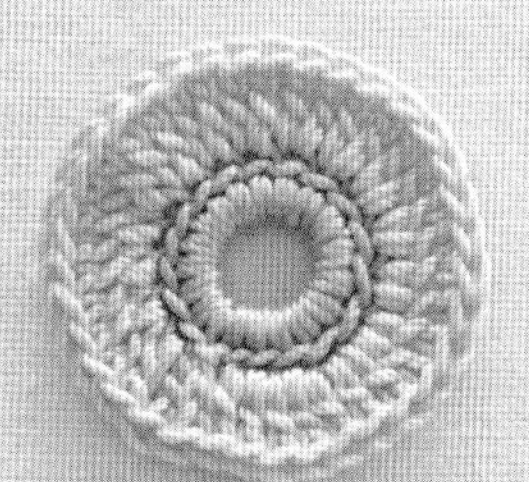

圆环 b…p.51

婆婆纳…p.54

报春花…p.54

花样的钩织方法

婆婆纳

图片…p.53

[材料和工具] 线…奥林巴斯 Emmy Grande 原白色（804）1g；芯线…花朵和花茎 将 100cm 长的线折成 4 折（25cm×4 根），叶子 将 60cm 长的线折成 4 折（15cm×4 根）；针…2 号蕾丝钩针；其他…15 号棒针（针轴 6.6mm）

[成品尺寸] 9cm

[钩织要点] 在 15 号棒针上绕线制作线环，钩织第 1 圈。在第 1 圈终点的引拔针里加入芯线。第 2 圈的花瓣和花茎都是只在芯线上挑针连续钩织。在花茎的第 10 针里引拔加入叶子的编织线和芯线，钩织叶子。钩织终点在前面接线的针目里引拔，将线剪断。

报春花

图片…p.53

[材料和工具] 线…奥林巴斯 Emmy Grande 原白色（804）2g；芯线…花朵和花茎 将 180cm 长的线折成 4 折（45cm×4 根），叶子 将 60cm 长的线折成 4 折（15cm×4 根）；针…2 号蕾丝钩针；其他…15 号棒针（针轴 6.6mm）

[成品尺寸] 13cm

[钩织要点] 在 15 号棒针上绕线制作线环，钩织第 1 圈。在第 1 圈终点的引拔针里加入芯线。第 2、3 圈的花瓣和花茎都是只在芯线上挑针连续钩织。叶子花样是从起针的锁针两侧挑针钩织 1 圈，加入芯线。第 2 圈包住芯线钩织，并在图中指定位置引拔，与花茎做连接。钩织终点用缝针缝出 1 针与起点的针目做连接(参照 p.12)。

凤仙花

图片…p.56

[材料和工具]线…奥林巴斯 Emmy Grande〈Herbs〉米白色(800) 1g；芯线…将 100cm 长的线折成 4 折（25cm×4 根）；针…2 号蕾丝钩针；其他…特大号棒针 7mm

[成品尺寸] 直径 3.2cm

[钩织要点] 在 7mm 的棒针上绕线制作线环，钩织第 1 圈。在第 1 圈终点的引拔针里加入芯线。第 2 圈的花瓣只在芯线上挑针钩织短针。钩织终点用缝针缝出 1 针与起点的针目做连接（参照 p.12）。

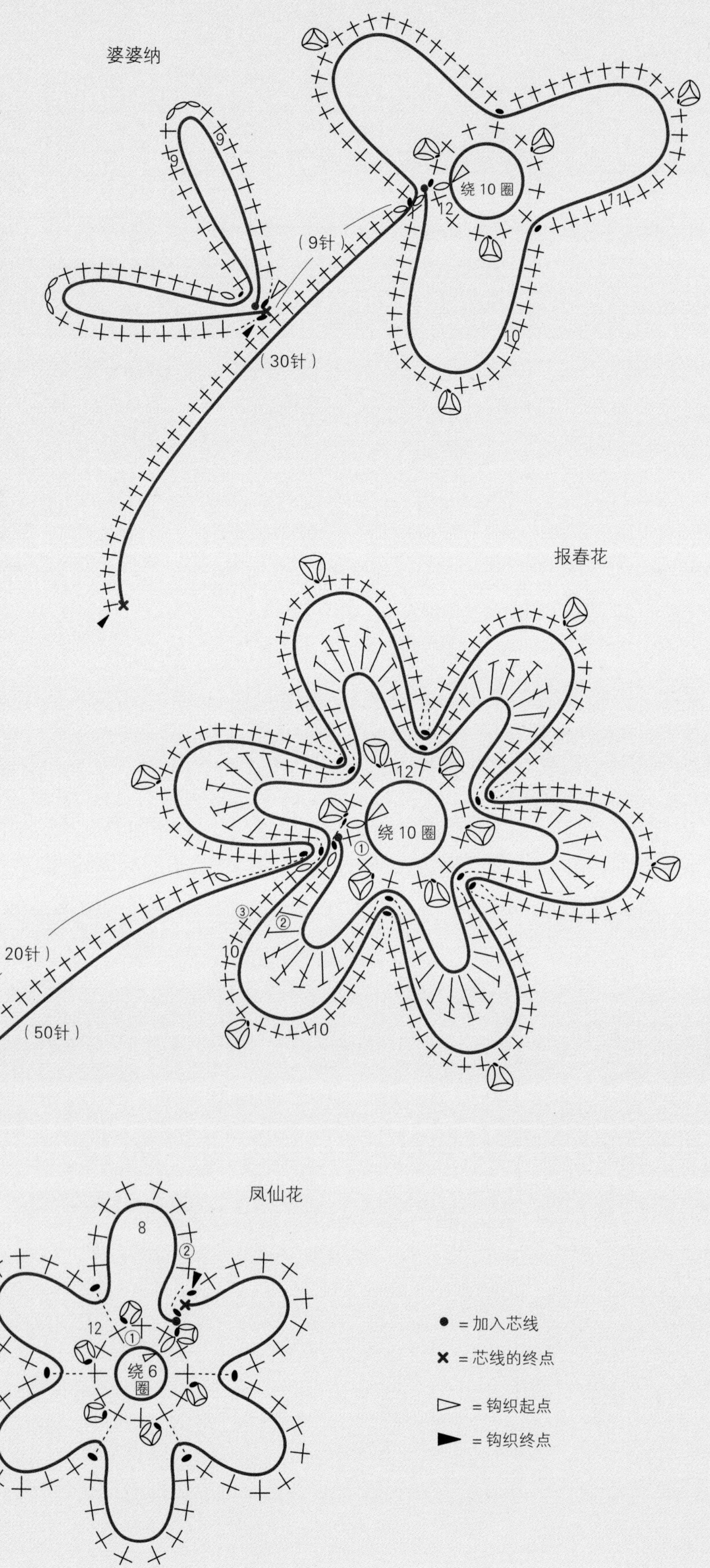

铁线莲

图片…p.56

[材料和工具] 线…奥林巴斯 Emmy Grande 原白色（804）1g；针…2 号蕾丝钩针

[成品尺寸] 直径 5cm

[钩织要点] 用线头做环形起针（参照 p.94）后开始钩织。第 1、3 圈钩织花瓣的网格针锁链（基底），第 2、4 圈钩织花瓣。钩织终点用缝针缝出 1 针与起点的针目做连接（参照 p.12）。

春美草

图片…p.53

[材料和工具] 线…奥林巴斯 Emmy Grande 原白色（804）1g；芯线…将 60cm 长的线折成 4 折（15cm×4 根）；针…2 号蕾丝钩针

[成品尺寸] 3.5cm×4.5cm

[钩织要点] 锁针环形起针（参照 p.94）后开始钩织。第 2 圈在前一圈的后面半针里挑针，钩织花瓣的网格针锁链（基底）。第 3 圈将锁链倒向花样的后面，在第 1 圈短针的前面半针里挑针钩织。第 4 圈在第 2 圈的锁链上钩织花瓣。在钩织终点的引拔针里加入芯线，接下来只在芯线上挑针钩织叶子。

牛舌草

图片…p.56

[材料和工具] 线…奥林巴斯 Emmy Grande〈Herbs〉浅米色（732）1g；芯线…长花茎 将 120cm 长的线折成 4 折（30cm×4 根），短花茎 将 100cm 长的线折成 4 折（25cm×4 根）；针…2 号蕾丝钩针；其他…15 号棒针（针轴 6.6mm）

[成品尺寸] 长花茎 10.5cm，短花茎 7cm

[钩织要点] 在 15 号棒针上绕线制作线环，钩织第 1 圈。在第 1 圈终点的引拔针里加入芯线。第 2 圈的花瓣只在芯线上挑针钩织。花萼部分一边在前一行的针目里挑针，一边包住芯线钩织。接着钩织花茎。

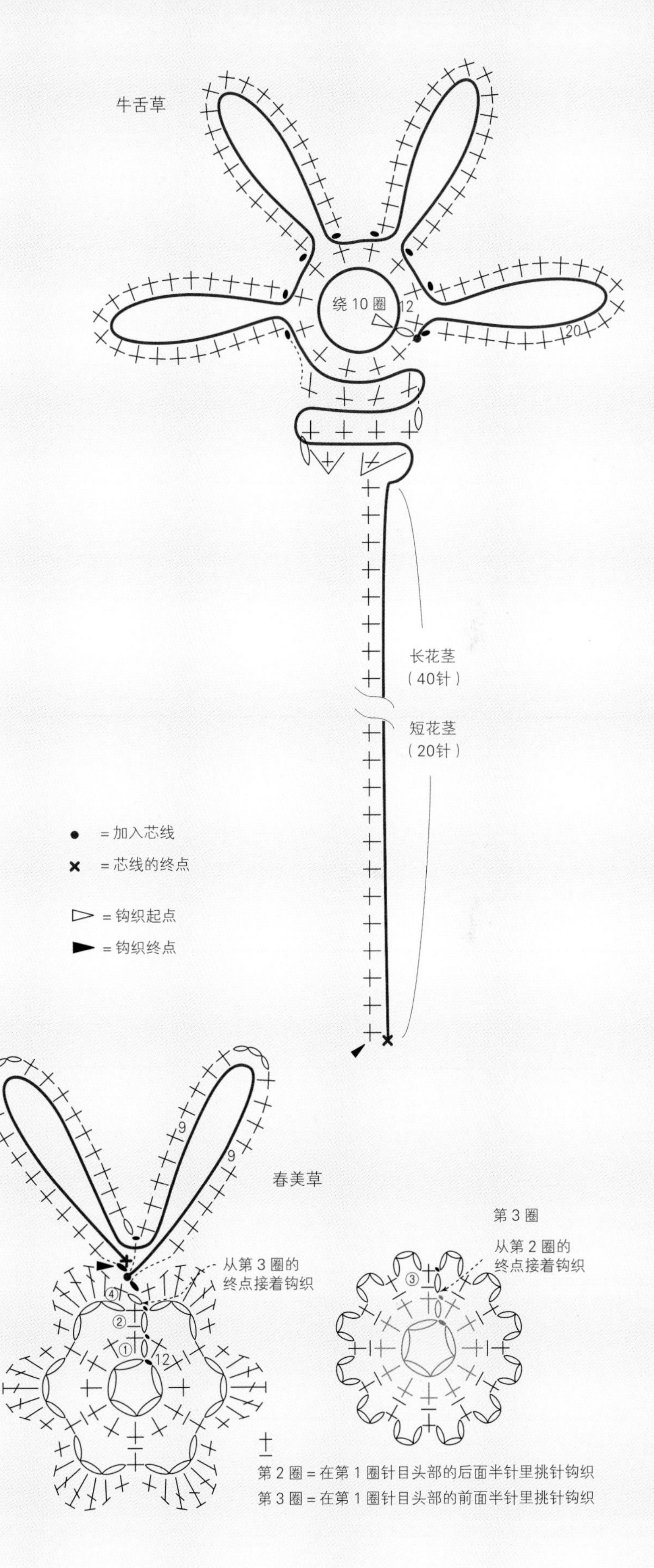

铁线莲

④
③
②
①
环

牛舌草…p.55

海滩芥…p.58

铁线莲…p.55

凤仙花…p.54

四照花 a…p.58

海冬青…p.58

2 层花瓣的玫瑰···p.58

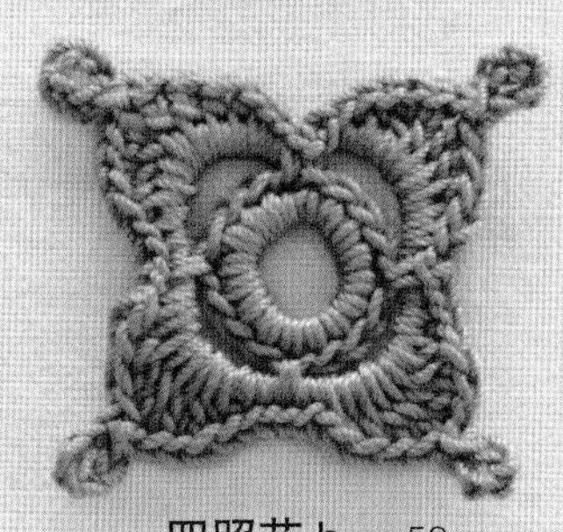

四照花 b···p.58

岩玫瑰···p.58

向日葵···p.59

海石竹···p.59

花样的钩织方法

四照花 a、b

图片…p.56、57

[材料和工具] 线…奥林巴斯 Emmy Grande a〈Herbs〉浅米色（732）、b 浅茶色（736）各 1g；芯线…将 60cm 长的线折成 4 折（15cm×4 根）；针…2 号蕾丝钩针；其他…特大号棒针 7mm

[成品尺寸] a 5cm×4.5cm、b 5cm×5cm

[钩织要点] 在 7mm 的棒针上绕线制作线环，钩织第 1 圈。在第 1 圈终点的引拔针里加入芯线。第 2 圈的花瓣只在芯线上挑针连续钩织。钩织终点用缝针缝出 1 针与起点的针目做连接（参照 p.12）。

海滩芥

图片…p.56

[材料和工具] 线…奥林巴斯 Emmy Grande〈Herbs〉沙米色（814）1g；芯线…将 80cm 长的线折成 4 折（20cm×4 根）；针…2 号蕾丝钩针

[成品尺寸] 直径 3.3cm

[钩织要点] 将编织线接在芯线上开始钩织。花瓣每钩织 1 片就要在图中指定位置引拔连接。钩织终点用缝针缝出 1 针与起点的针目做连接（参照 p.12）。

海冬青

图片…p.56

[材料和工具] 线…奥林巴斯 Emmy Grande 浅茶色（736）1g；针…2 号蕾丝钩针；其他…特大号棒针 7mm

[成品尺寸] 直径 3.5cm

[钩织要点] 在 7mm 的棒针上绕线制作线环，钩织 2 圈。钩织终点用缝针缝出 1 针与起点的针目做连接（参照 p.12）。

2 层花瓣的玫瑰、岩玫瑰

图片…p.57

[材料和工具] 线…奥林巴斯 Emmy Grande 2 层花瓣的玫瑰〈Herbs〉浅米色（732）、岩玫瑰 原白色（804）各 1g；针…2 号蕾丝钩针

[成品尺寸] 2 层花瓣的玫瑰 直径 4cm，岩玫瑰 直径 4.5cm

[钩织要点] 锁针环形起针（参照 p.94）后开始钩织。第 2、4 圈钩织花瓣的网格针锁链（基底），第 3、5 圈钩织花瓣。岩玫瑰的第 6~8 圈钩织网格针。钩织终点用缝针缝出 1 针与起点的针目做连接（参照 p.12）。

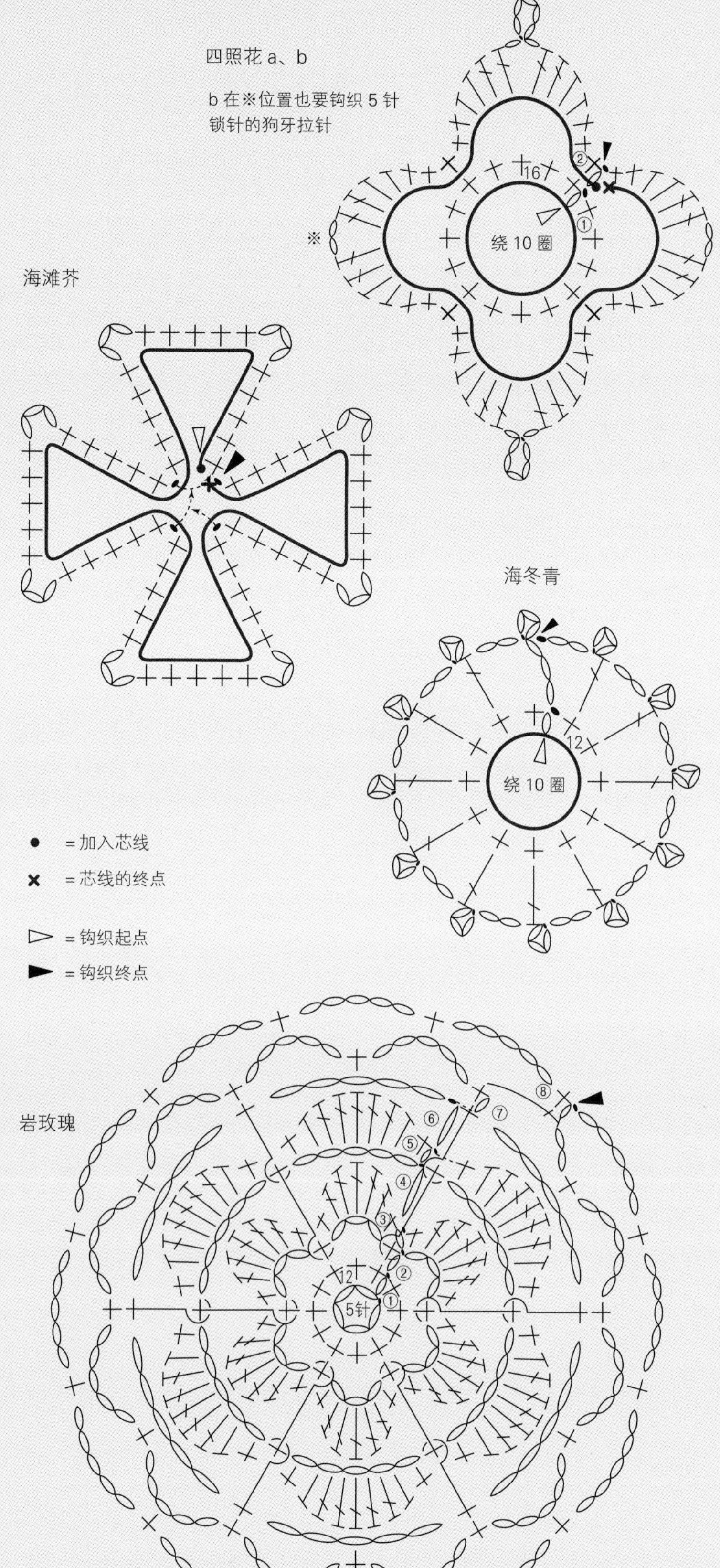

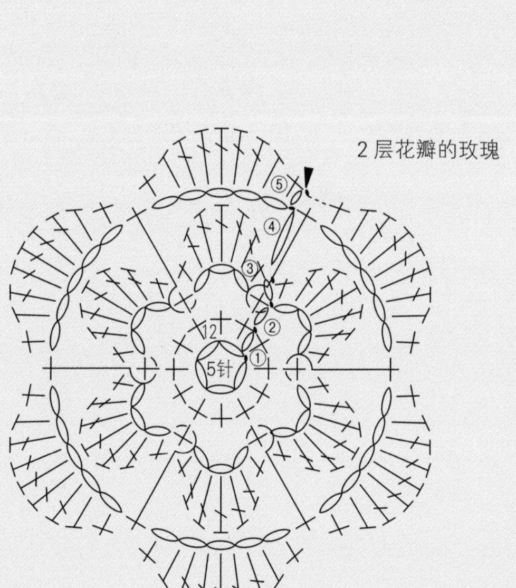

向日葵

图片…p.57

[材料和工具] 线…奥林巴斯 Emmy Grande〈Herbs〉沙米色（814）3g；芯线…将 200cm 长的线折成 4 折（50cm×4 根）；针…2 号蕾丝钩针；其他…特大号棒针 10mm

[成品尺寸] 7.3cm×7.3cm

[钩织要点] 在 10mm 的棒针上绕线制作线环，钩织 2 圈。在终点的引拔针里加入芯线。第 3 圈的短针是在前一圈的锁针和芯线上整段挑针钩织。第 4 圈的花瓣只在芯线上挑针钩织。第 5 圈不要挑起前一圈的芯线，只在锁针上整段挑针钩织。钩织终点用缝针缝出 1 针与起点的针目做连接（参照 p.12）。

海石竹

图片…p.57

[材料和工具] 线…奥林巴斯 Emmy Grande〈Herbs〉米色（721）4g；针…2 号蕾丝钩针；其他…特大号棒针 10mm

[成品尺寸] 7.3cm×7.3cm

[钩织要点] 在 10mm 的棒针上绕线制作线环，参照图示钩织 3 圈。第 4 圈在前一圈针目的后面半针里插入钩针，每隔 1 针钩织。第 5 圈在前一圈的每个针目里钩入 2 针短针。第 6、8 圈钩织网格针锁链（基底）。将花样翻至反面，第 6 圈是在第 2 圈短针的根部挑针钩织拉针，第 8 圈是在第 6 圈“短针的拉针”的根部挑针钩织拉针。第 7 圈钩织花瓣。第 9~11 圈是在前一圈的锁针上整段挑针，向外钩织网格针。钩织终点用缝针缝出 1 针与起点的针目做连接（参照 p.12）。

向日葵

绕 10 圈

● = 加入芯线

× = 芯线的终点

▷ = 钩织起点

▶ = 钩织终点

第 4 圈 = 在第 3 圈针目头部的后面半针里挑针钩织

第 6 圈 = 在第 2 圈短针的根部挑针钩织

第 8 圈 = 在第 6 圈“短针的拉针”的根部挑针钩织

花样均为实物大小

蝴蝶…p.61

花样的钩织方法

蝴蝶

图片…p.60

[材料和工具] 线…奥林巴斯 Emmy Grande〈Herbs〉浅米色（732）6g，[上翅〈Herbs〉米色（721）3g，下翅 浅茶色（736）2g，身体〈Herbs〉棕色（745）1g]；芯线…上翅 将 240cm 长的线折成 4 折（60cm×4 根），下翅 将 140cm 长的线折成 4 折（35cm×4 根）；针…2 号蕾丝钩针

[成品尺寸] 10cm×10.5cm

[钩织要点] 上翅…钩织锁针起针，然后分别从锁针的两侧挑针，钩织两边的翅膀。在短针做最后的引拔操作时加入芯线，接着一边包住芯线，一边在翅膀的周围挑针钩织 1 圈。钩织终点用缝针缝出 1 针与起点的针目做连接（参照 p.12）。

下翅…钩织 1 针锁针起针，分别从锁针的两侧挑针，钩织两边的翅膀。在第 2 片翅膀钩织终点的长长针做最后的引拔操作时加入芯线，接着一边包住芯线，一边在翅膀的周围挑针钩织 1 圈。钩织终点用缝针缝出 1 针与起点的针目做连接（参照 p.12）。

身体…用线头做环形起针（参照 p.94），钩织 1 圈。从第 2 行开始，参照图示往返钩织至第 15 行。在锁针的狗牙针上接线钩织触角。参照图示将身体缝成圆筒状。

组合…按下翅、上翅、身体的顺序重叠在一起，用分股线缝合花样的各部分。

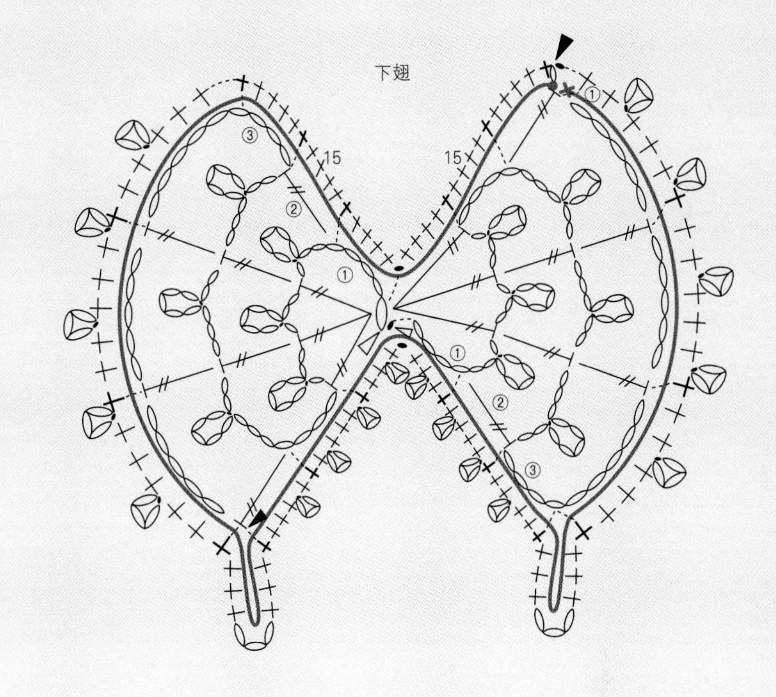

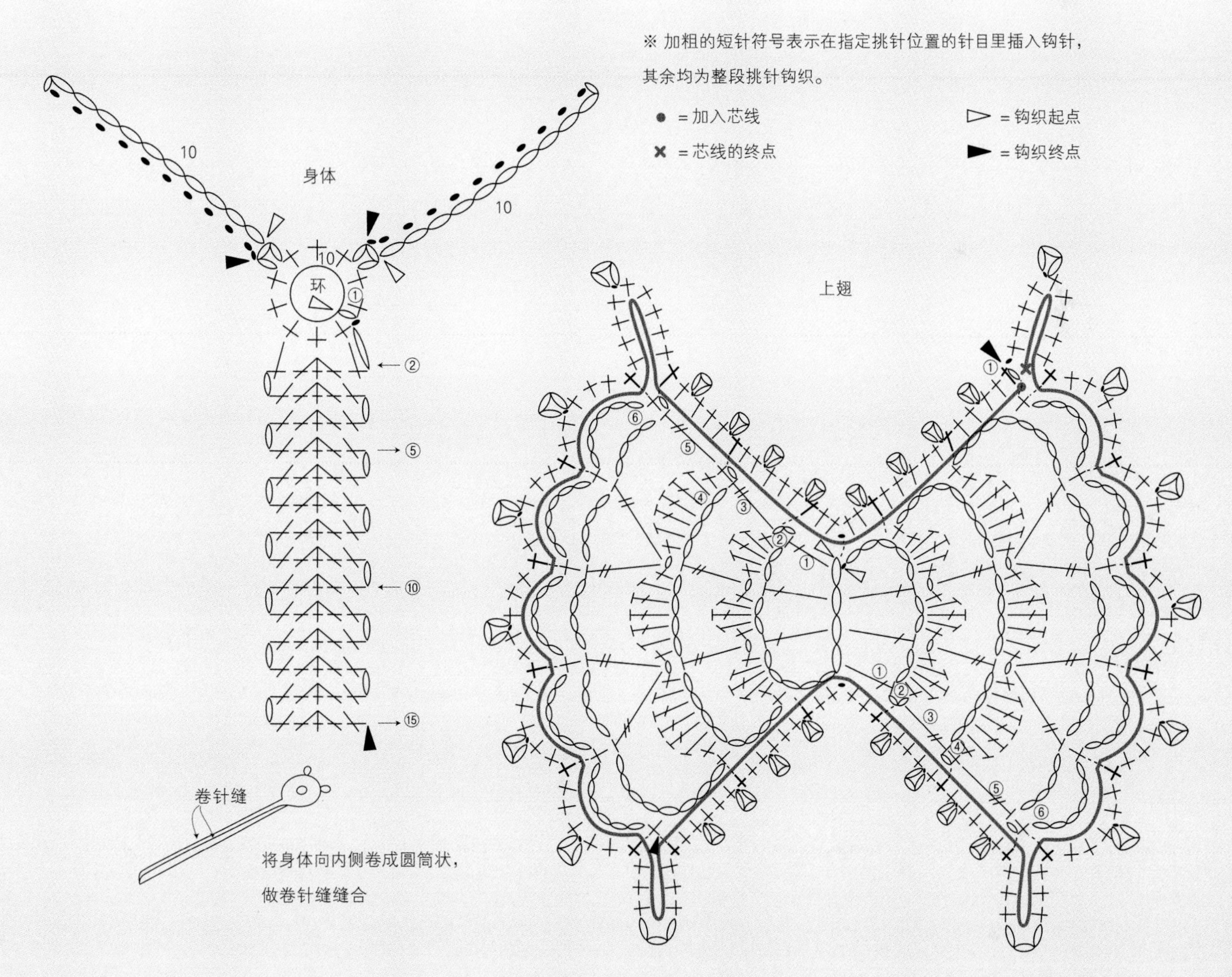

花边的钩织方法 图片…p.44

A

[材料和工具] 线…奥林巴斯 Emmy Grande 灰棕色(739);
针…2 号蕾丝钩针

[成品尺寸] 1 个花样 3.5cm

[钩织要点] 将编织线接在折成 4 折的芯线上，接着按箭头所示顺序钩织。

B

[材料和工具] 线…奥林巴斯 Emmy Grande 苔绿色(288);
针…2 号蕾丝钩针

[成品尺寸] 10cm 9 个花样

[钩织要点] 钩织锁针起针，第 1 行从锁针的里山挑针钩织短针。第 2 行的网格针在顶部钩织 5 针中长针的颗粒编。

C

[材料和工具] 线…奥林巴斯 Emmy Grande 红色 (192);
针…2 号蕾丝钩针

[成品尺寸] 1 个花样 4.5cm

[钩织要点] 钩织锁针起针，第 1 行从锁针的里山挑针钩织。第 2 行按箭头所示顺序往回钩织出半圆形花样。

※ 本书编织图中未标单位的数字均以厘米（cm）为单位。

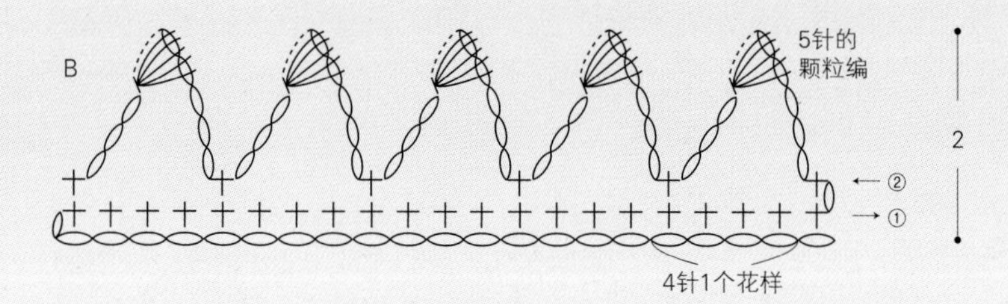

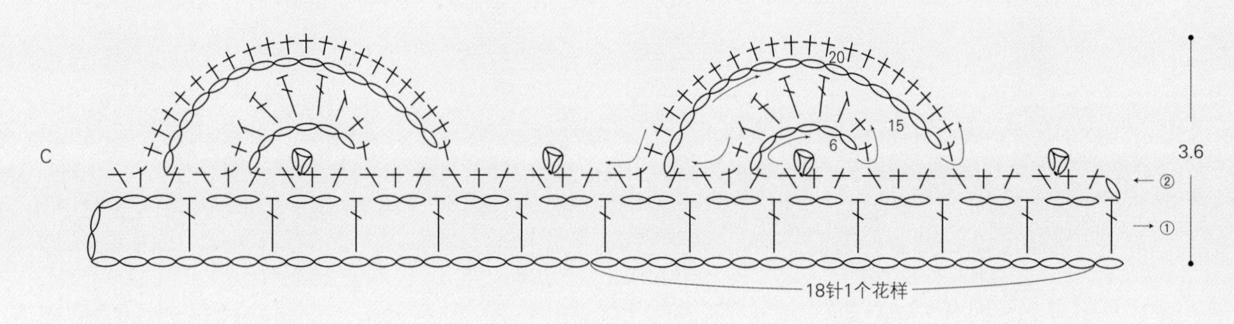

颗粒编

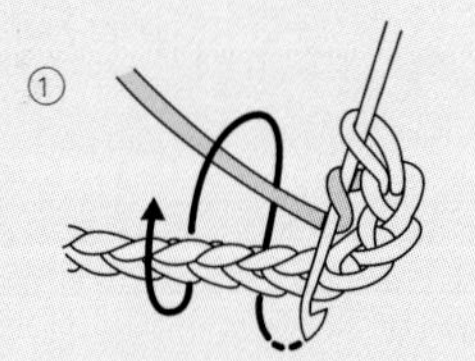

在针上挂线，整段挑起锁针将线拉出。

重复此操作，钩织指定针数的“未完成的中长针”。

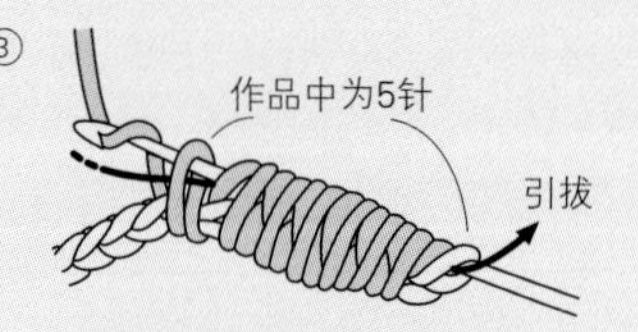

挂线，一次性引拔穿过针上所有未完成的中长针。

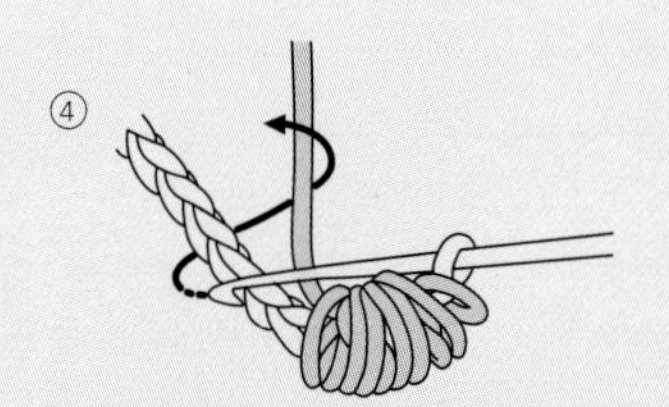

再次整段挑起锁针，挂线拉出。

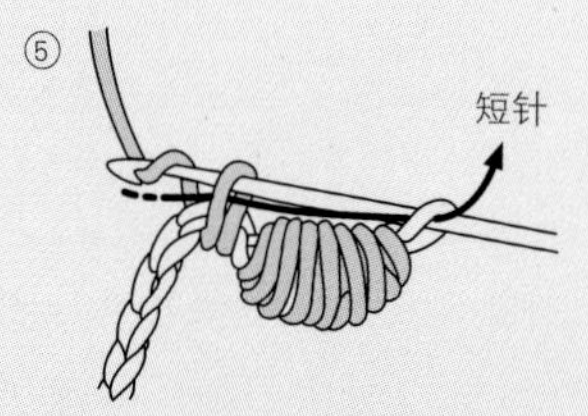

挂线，引拔穿过针上的2个线圈。

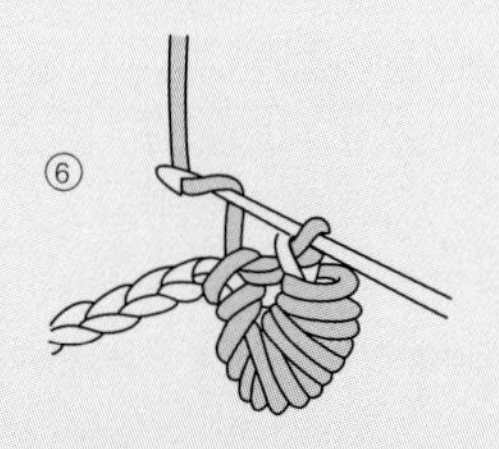

颗粒编就完成了。

饰带的钩织方法 图片…p.46

A

[材料和工具] 线…奥林巴斯 Emmy Grande 原白色（804）；针…2 号蕾丝钩针

[花样] 岩玫瑰…p.58

[成品尺寸] 3 个花样 12.5cm

[钩织要点] 钩织并连接所需数量的花样。在花样上接线，分别在上边钩织 3 行，在下边钩织 1 行。

B

[材料和工具] 线…奥林巴斯 Emmy Grande〈Herbs〉浅米色（732）；针…2 号蕾丝钩针

[花样] 春美草…p.55

[成品尺寸] 2 个花样 8.5cm

[钩织要点] 钩织所需数量的花样，然后用分股线（参照 p.94）缝合固定将花样连接起来。在花样的上、下两边接线，分别钩织 3 行。

C

[材料和工具] 线…奥林巴斯 Emmy Grande〈Herbs〉米色（721）；针…2 号蕾丝钩针

[花样] 四照花 b…p.58

[成品尺寸] 1 个花样 5cm

[钩织要点] 钩织并连接所需数量的花样。然后在花样上接线，钩织 3 行。

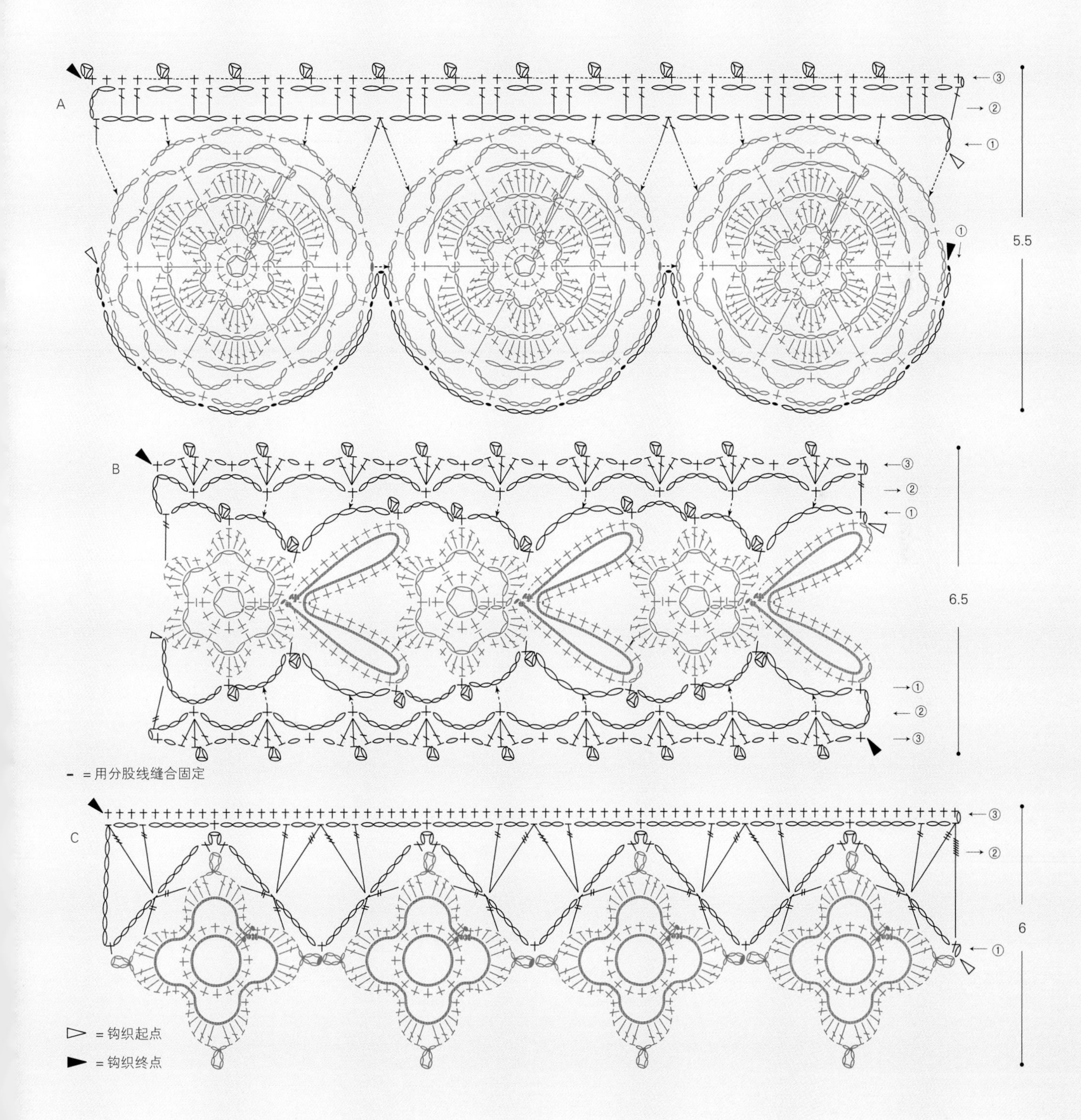

基础教程：用网格针连接花样 ②

将钩织好的花样错落有致地排列起来，然后一边连接花样，一边用锁针填补空隙。请参照图示，分区块依次接线钩织。

连接"手提包"的花样 图片…p.9

[花样] 连接圆环 4 组…p.14，果实 a 5 个…p.15，3 层花瓣的玫瑰 a 2 朵…p.16，万寿菊 2 朵…p.18，叶子 a 2 片…p.19，叶子 b（大、小）各 2 片…p.20，玫瑰的叶子 a 2 片…p.22，雏菊 a 2 朵…p.23，三叶草 3 片…p.24

※ 配色请参照 p.65。

[连接要点] 如图所示排列好花样，将分股线（参照 p.94）穿入缝针，然后将花样与花样的连接点缝合固定。按图中①～㉕的顺序，一边连接花样，一边钩织网格针填补空隙。钩织结束时，在花样的反面处理好线头。

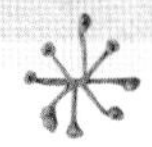

要点

全部花样先用蒸汽熨斗喷上蒸汽进行整烫，整理好形状后再进行连接。因为钩织时手带线的松紧度不同，花样的大小和形状会有所差异。编织图中连接花样的锁针针数以及引拔位置仅供参考。请根据自己钩织的花样进行适当调整。

— = 交接点　▷ = 接线　► = 断线

手提包 图片…p.9

[材料和工具] 线…奥林巴斯 Emmy Grande 原白色（804）6g，浅茶色（736）4g；〈Herbs〉米色（721）80g,浅米色（732）15g,米白色（800）4g，沙米色（814）4g；针…2 号蕾丝钩针

[花样] 参照 p.64

[成品尺寸] 宽 25.5cm，深 23.5cm

[密度] 10cm×10cm 面积内：编织花样 36 针，22 行

[钩织要点]

1. 参照 p.64 钩织并连接花样，钩织手提包的前片。
2. 前片的周围钩织锁针起针后按编织花样钩织。用卷针缝与步骤 1 的连接花样缝合。
3. 后片的编织花样从包口起针后开始钩织，接着留出包口并在周围挑针钩织。
4. 将前片和后片正面朝外对齐做卷针缝缝合，然后在包口钩织短针的棱针。
5. 钩织提手，用藏针缝缝在包口。
6. 参照组合方法图，将前片超出范围的花样用分股线（参照 p.94）做藏针缝缝在周围的编织花样上。

*后片和提手的钩织方法、组合方法见 p.66

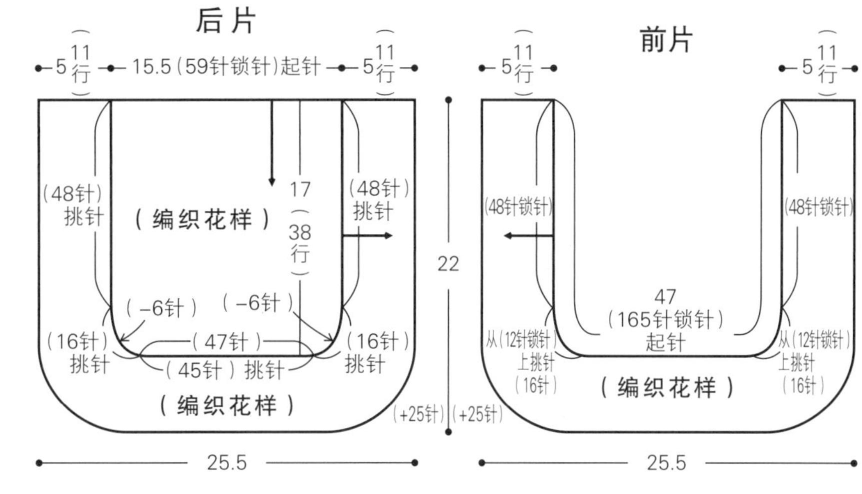

※ 除花样以外，全部用米色线钩织。

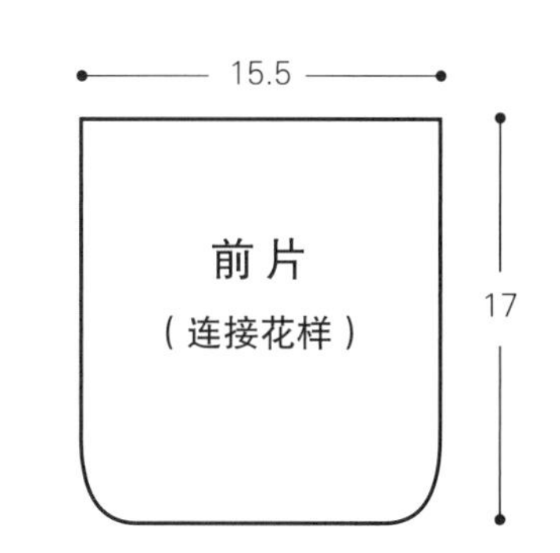

花样的配色

花样	颜色	数量
万寿菊	原白色	1朵
	浅米色	1朵
3层花瓣的玫瑰a	原白色	1朵
	浅米色	1朵
雏菊a	米白色	2朵
三叶草	浅茶色	1片
	浅米色	2片
叶子b（大）	沙米色	2片
叶子b（小）	浅米色	2片
叶子a	浅米色	2片
玫瑰的叶子a	浅茶色	2片
连接圆环	浅米色	4组
果实a	米白色	5个

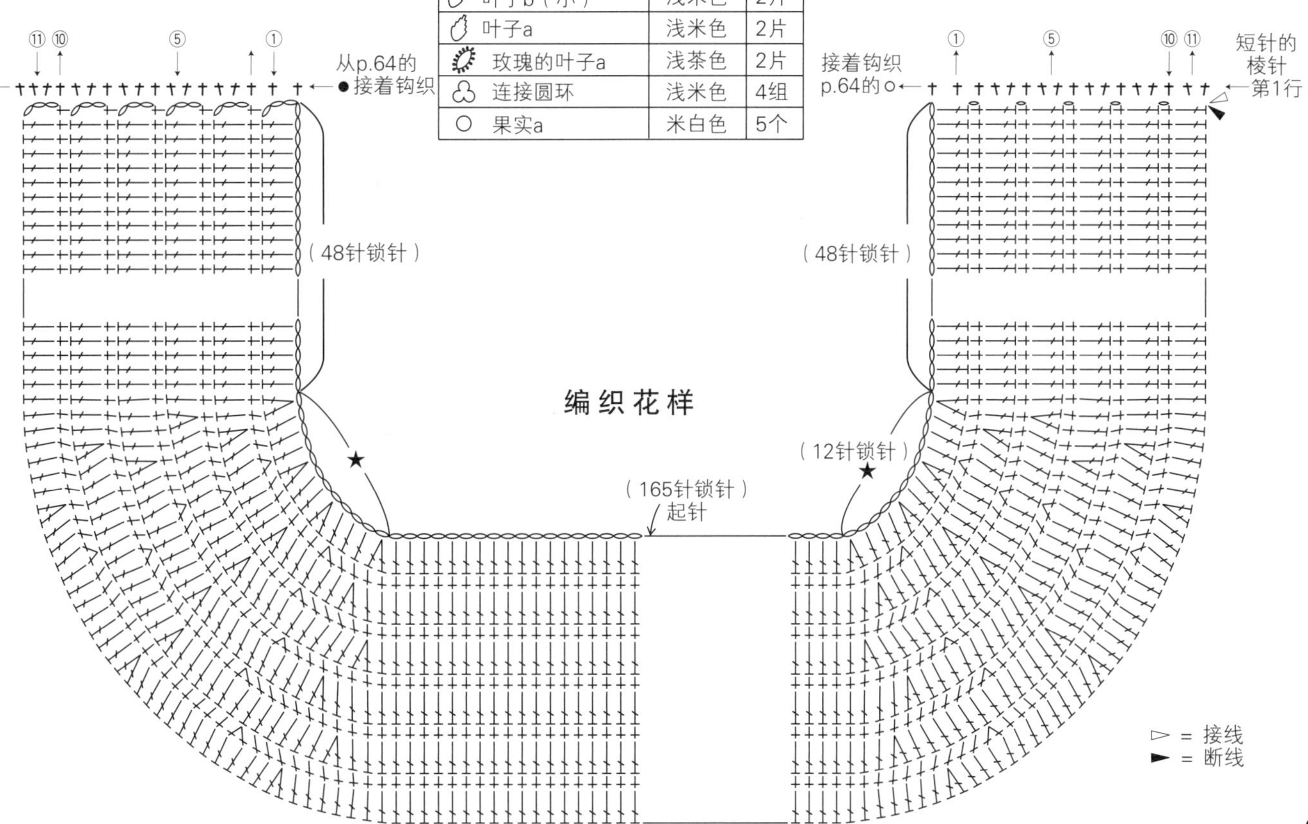

*手提包，接 p.65

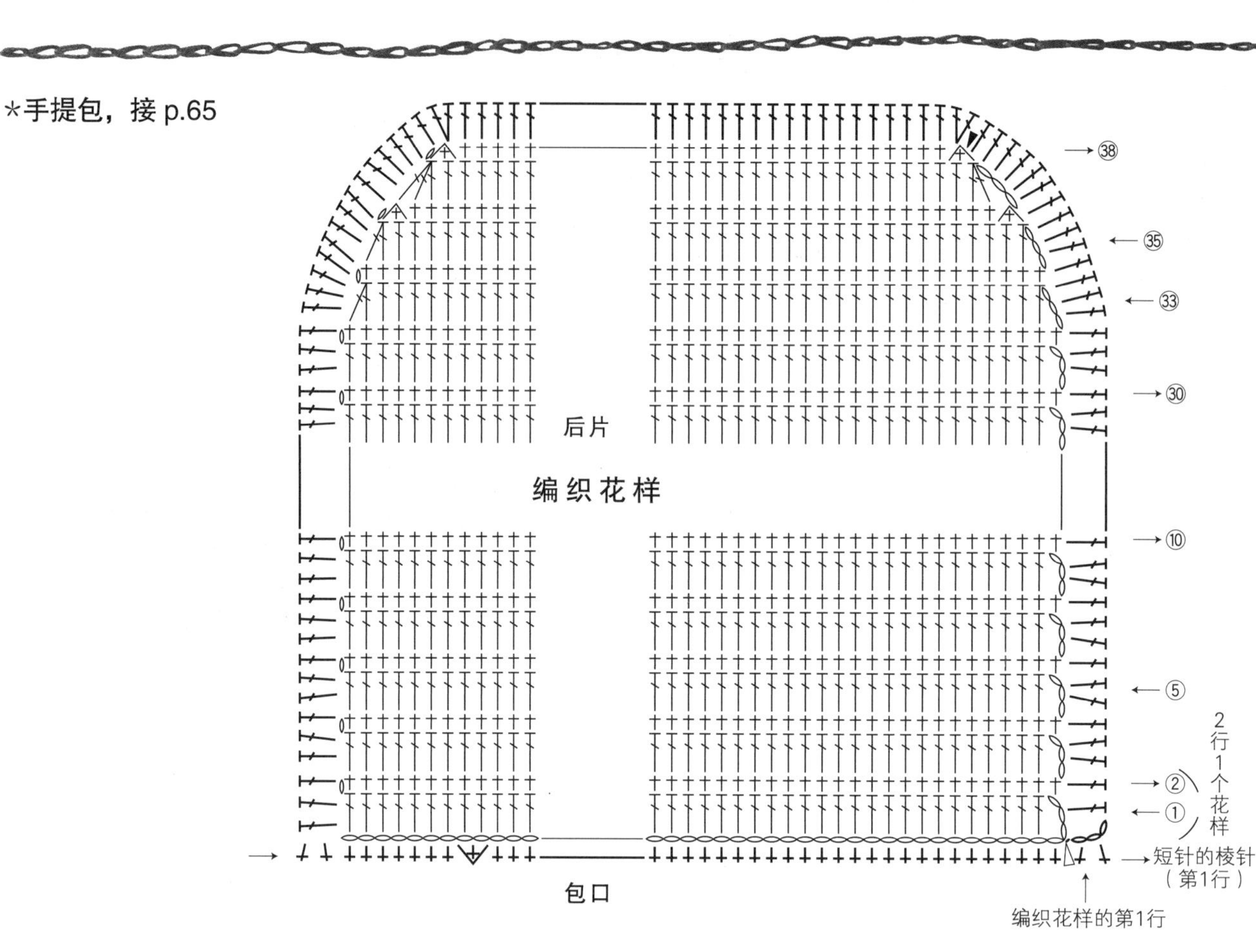

短针的棱针
（包口）

→⑥
←⑤
→
←
→
←①

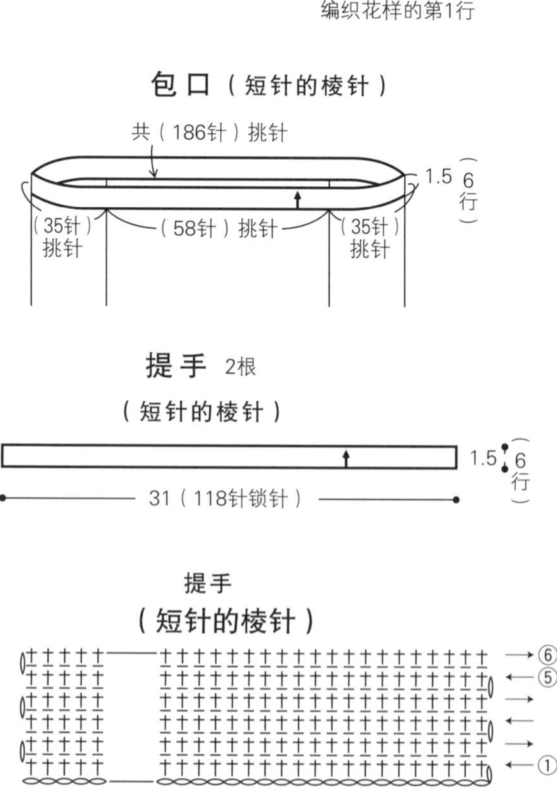

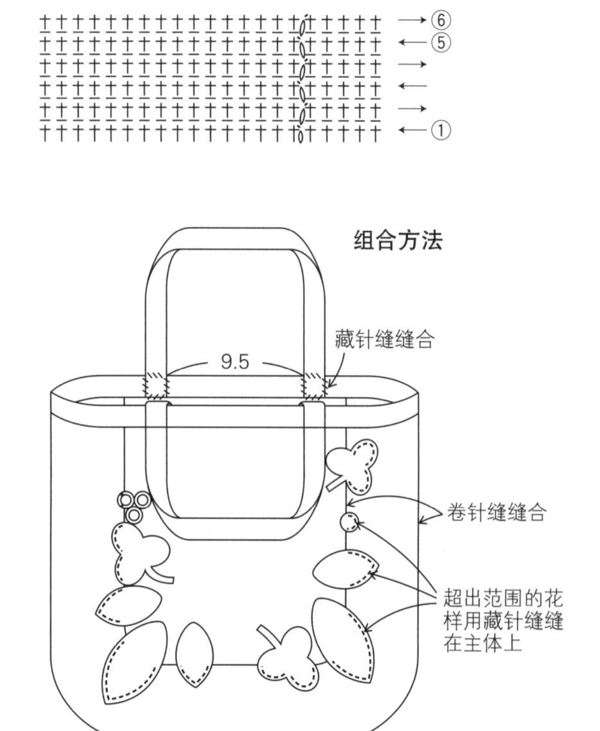

葡萄串束口袋 图片…p.4

[材料和工具] 线…奥林巴斯 Emmy Grande〈Herbs〉米色（721）30g，浅米色（732）5g；针…2号蕾丝钩针

[花样] 连接圆环3组、圆环2个…p.14，叶子a 2片…p.19

[成品尺寸] 宽13.5cm，深18cm

[密度] 编织花样的1个花样2.7cm，10cm，15行

[钩织要点]

花样用浅米色线钩织，束口袋除了边缘的最后一圈外均用米色线钩织。

1. 在束口袋的底部钩织锁针起针，第1圈先从锁针的里山挑针，另一侧在锁针剩下的2根线里挑针钩织。
2. 侧面无须加减针钩织至第22行，接着钩织5行边缘。
3. 钩织2根罗纹绳（参照p.69）作为拉绳，穿入穿绳位置。在绳子的末端缝上圆环，将拉绳连接成环形。
4. 用分股线（参照p.94）将花样缝在束口袋的正面。

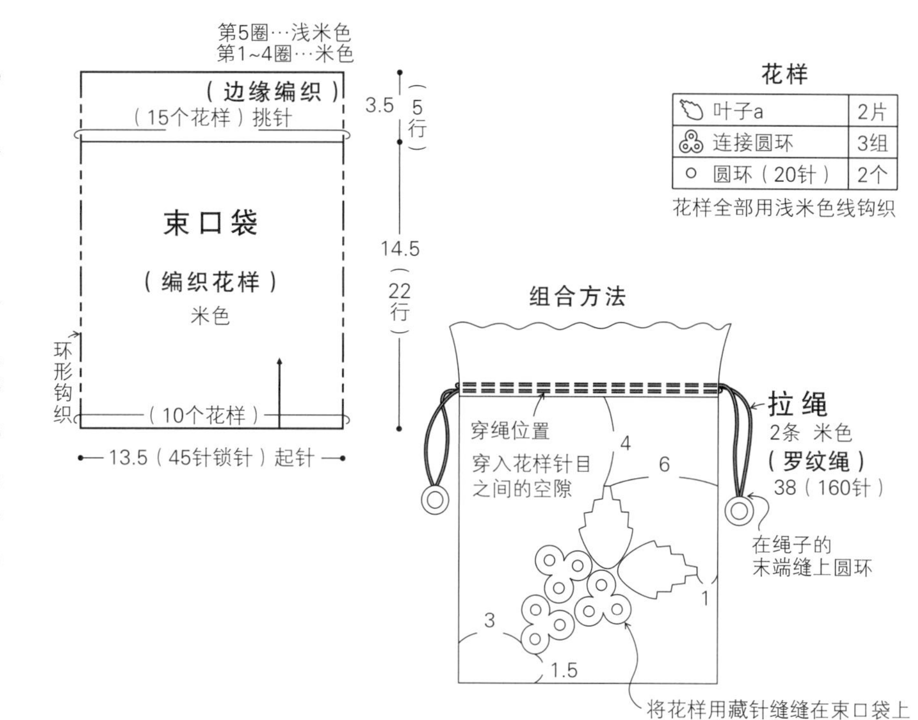

花样

叶子a	2片
连接圆环	3组
圆环（20针）	2个

花样全部用浅米色线钩织

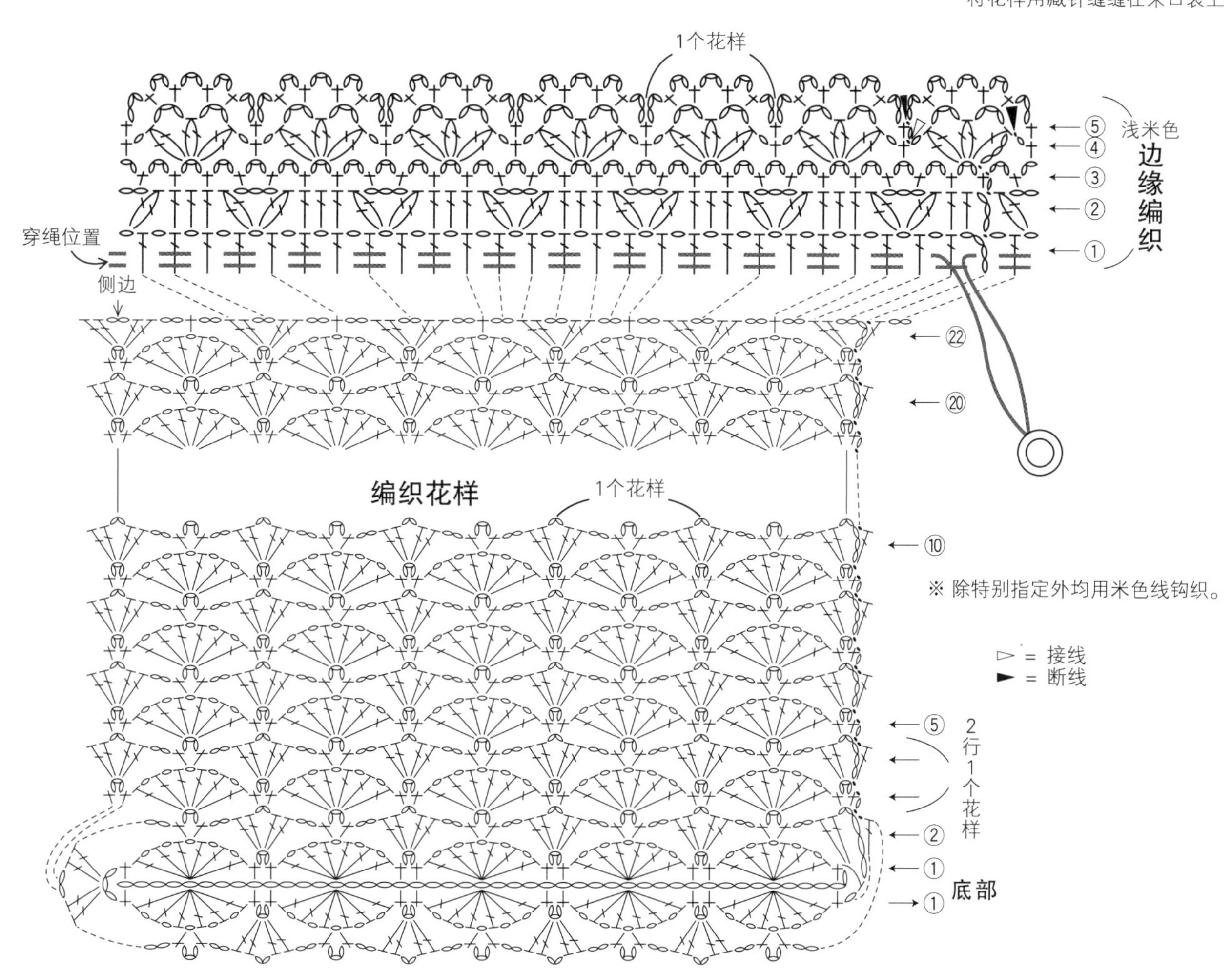

纸巾套和毛巾 图片…p.5

[材料和工具] 线…奥林巴斯 Emmy Grande〈Herbs〉浅米色（732）纸巾套：20g／毛巾：5g；针…2号蕾丝钩针；其他…毛巾：边长26cm的毛巾

[花样] 纸巾套：三叶草 1片…p.24／毛巾：雏菊a 1朵…p.23

[成品尺寸] 纸巾套：13cm×9cm／毛巾：26.6cm×26.6cm

[密度] 纸巾套：编织花样的3个花样4.2cm，10cm，15行

[钩织要点]

纸巾套

1. 钩织锁针起针，第1行从锁针的里山挑针开始钩织。按编织花样无须加减针钩织29行后将线剪断。
2. 接上新线，钩织1行边缘。
3. 参照图示组合纸巾套。用分股线（参照p.94）用藏针缝缝上三叶草。

毛巾

1. 钩织102cm(120个花样)的花边，用分股线(参照p.94）做卷针缝缝在毛巾上。
2. 将雏菊用藏针缝缝在指定位置。

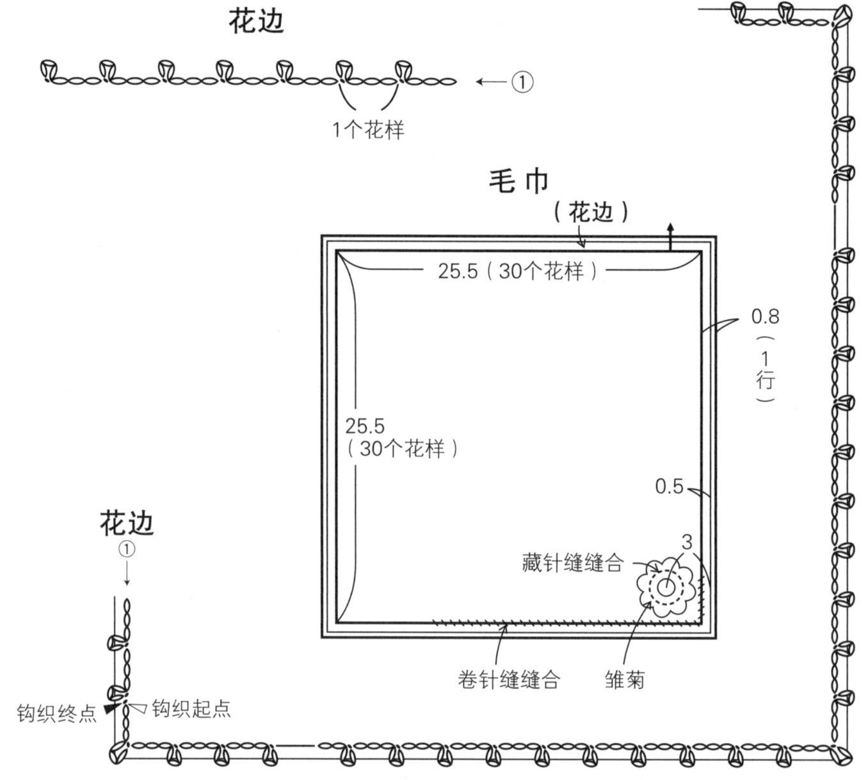

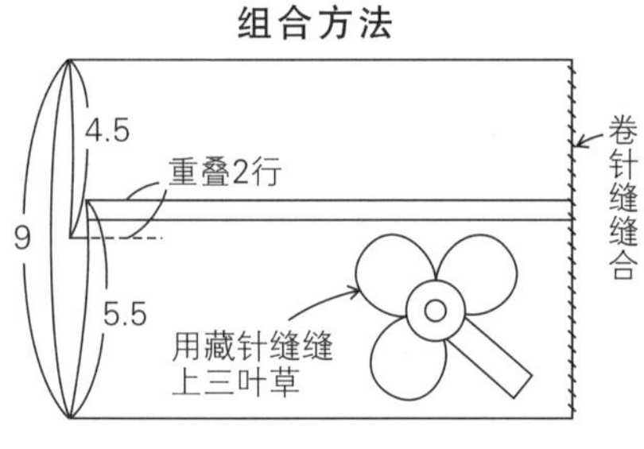

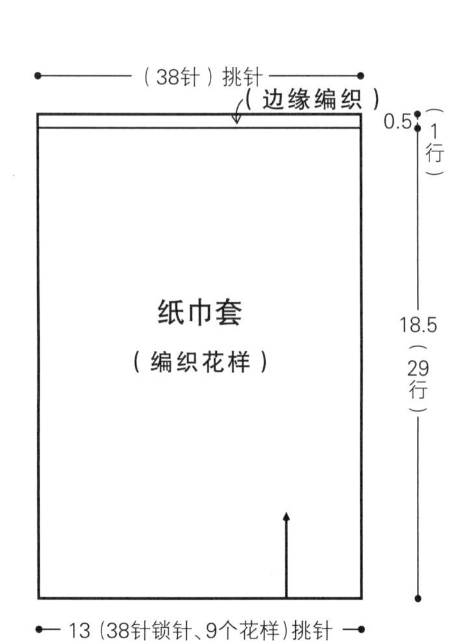

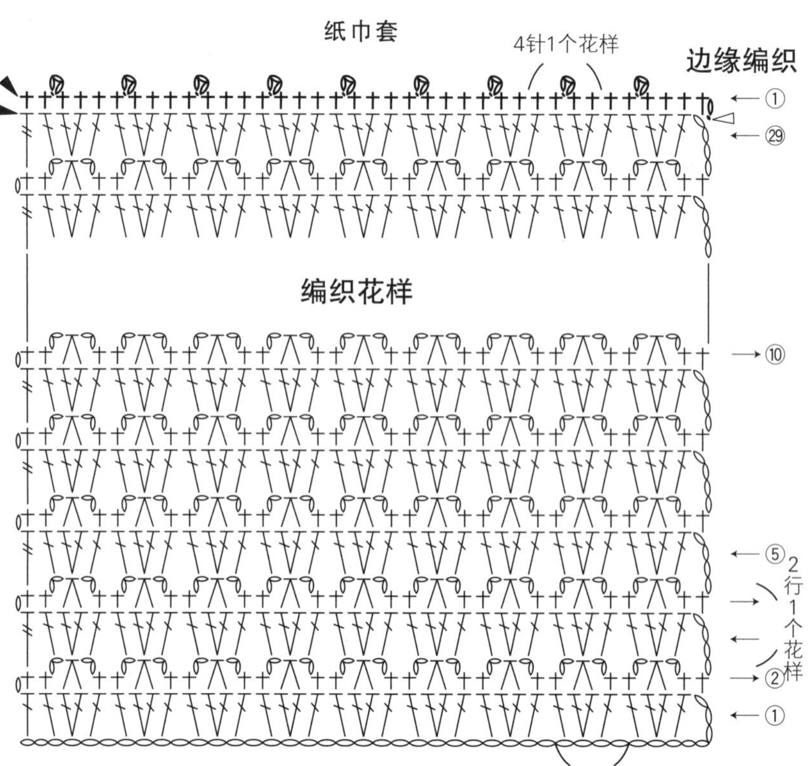

项链 图片…p.6

[材料和工具] 线…奥林巴斯 Emmy Grande〈Herbs〉米白色（800）10g；针…2 号蕾丝钩针

[花样] 连接圆环 6 组、圆环 2 个…p.14，雏菊 a 3 朵…p.23

[成品尺寸] 参照图示

[钩织要点]

1. 参照图示排列好花样，并用分股线连接花样。
2. 钩织 2 根细绳，分别穿入两端的圆环后缝好。

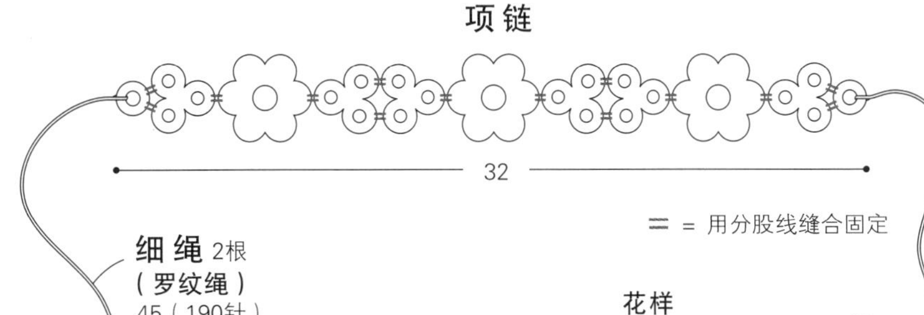

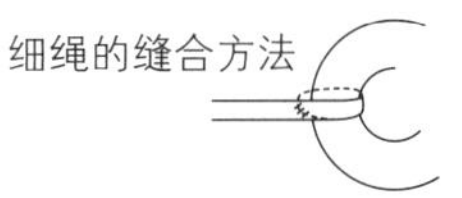

花样

雏菊a	3朵
连接圆环	6组
◎ 圆环（20针）	2个

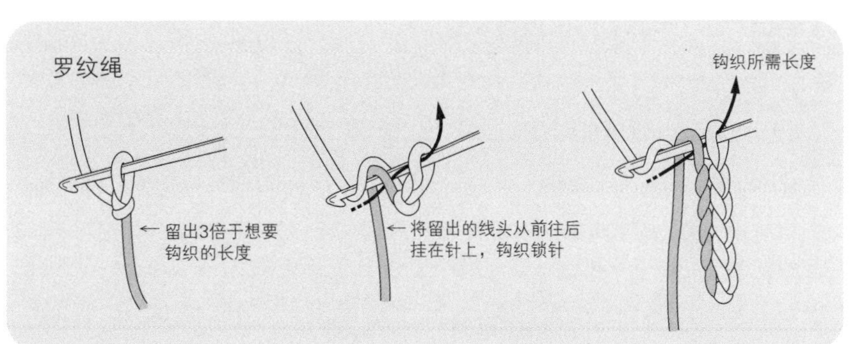

＊镂空大披肩，接 p.74

花样的排列

流苏

4

1行

流苏坠饰 ※ = 连接流苏的位置

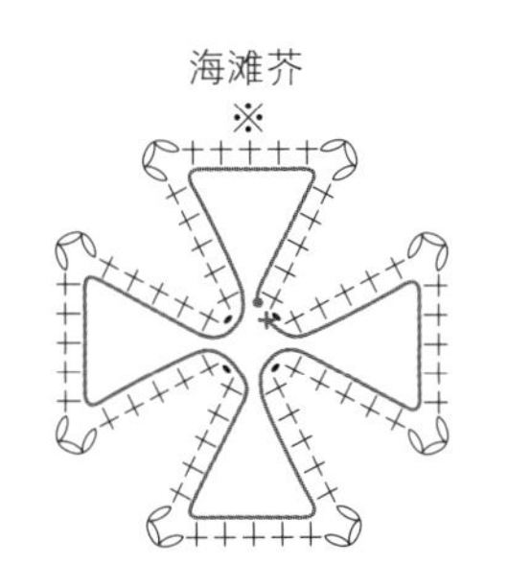

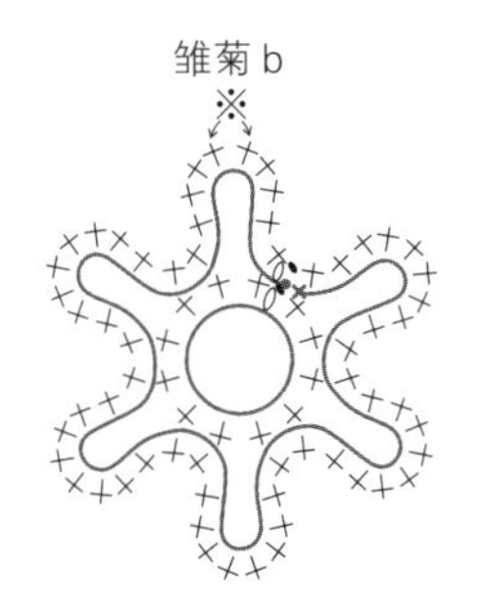

流苏的花样

○ 海冬青	11朵
雏菊b	10朵
海滩芥	10朵
水滴	31个

发圈和胸花 图片…p.7

[材料和工具] 线…奥林巴斯 Emmy Grande 发圈：蓝色（335）20g,〈Herbs〉茶色（777）5g／胸花：灰棕色（739）10g，苔绿色（288）5g；针…2号蕾丝钩针；其他…发圈：橡皮筋／胸花：胸针

[花样] 发圈：水滴 2 个…p.13，果实 a 1 个…p.15，3 层花瓣的玫瑰 a 1 朵…p.16／胸花：水滴 2 个…p.13，万寿菊 1 朵…p.18，叶子 b（大、小）各 1 片…p.20

[成品尺寸] 参照图示

[钩织要点]

发圈

1. 在市售的橡皮筋上接线，分别按编织花样在上、下两边包住橡皮筋钩织。
2. 参照图示组合花样。
3. 在橡皮筋的上、下两边分开挑针的起点位置缝上组合好的花样。

胸花

1. 参照图示组合花样。
2. 钩织底座，用藏针缝将其缝在组合好的花样反面。
3. 将胸针缝在底座中心偏上一点的位置。

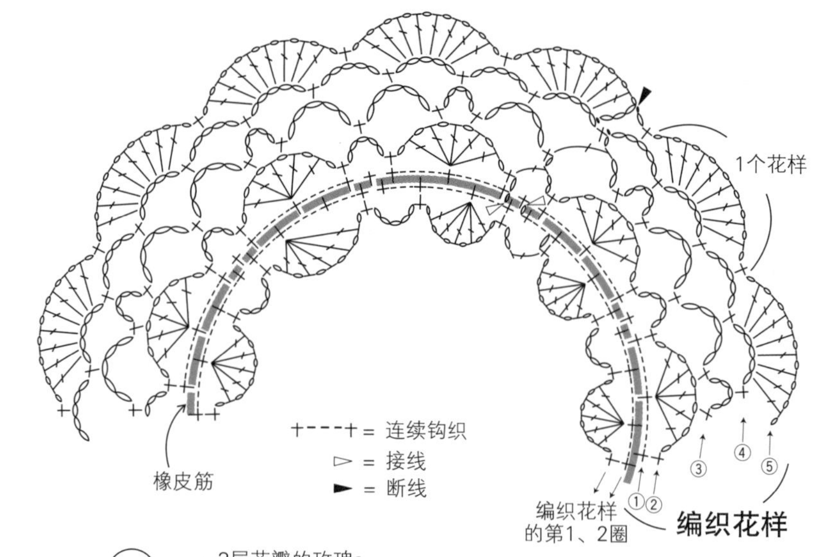

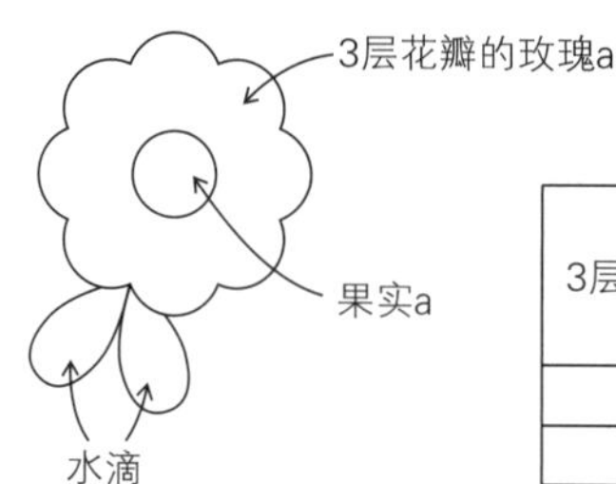

花样

3层花瓣的玫瑰a	1朵	第⑦、⑧圈	蓝色
		第⑥圈	茶色
		第①~⑤圈	蓝色
果实a	1个	茶色	
水滴	2个	茶色	

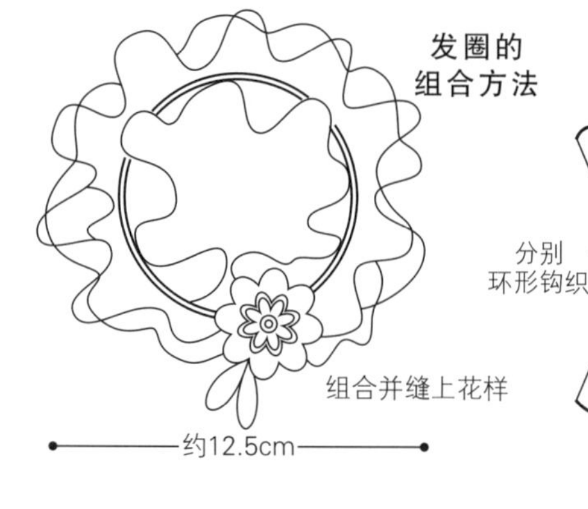

发圈 蓝色（编织花样）

分别环形钩织

在长40cm左右的橡皮筋上挑针钩织（64针、16个花样）

在橡皮筋上每隔1针挑针钩织（64针）

橡皮筋

（编织花样）

3.5（5圈）

3.5（5圈）

胸花

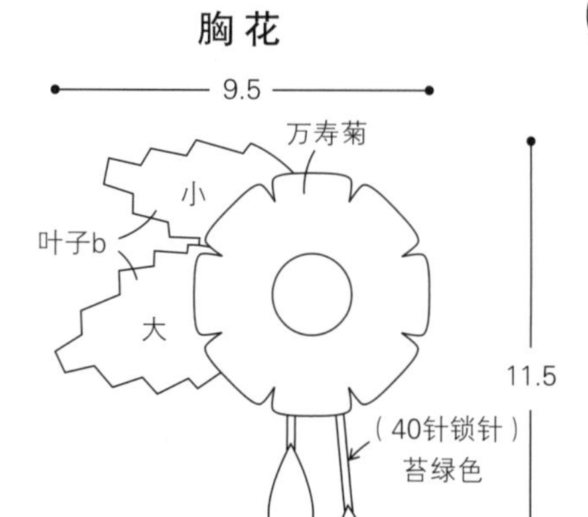

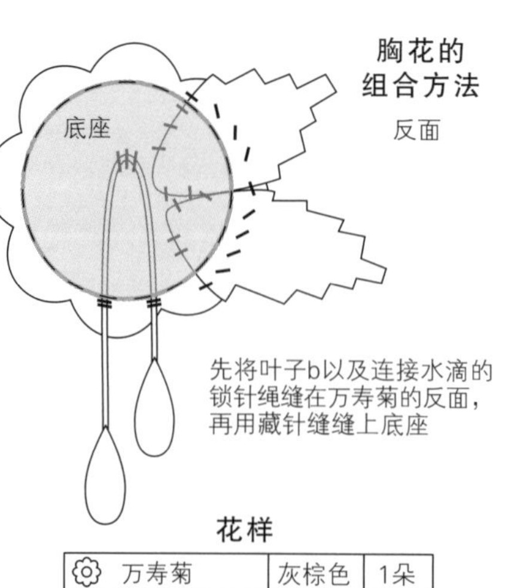

花样

万寿菊	灰棕色	1朵
叶子b（大）	苔绿色	1片
叶子b（小）	苔绿色	1片
水滴	苔绿色	2个
底座	苔绿色	1个

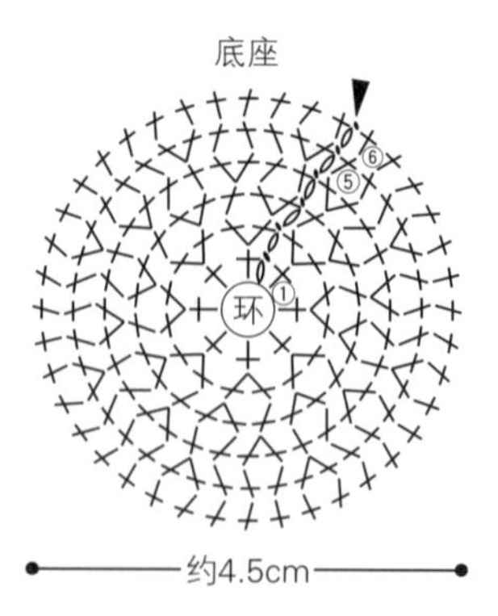

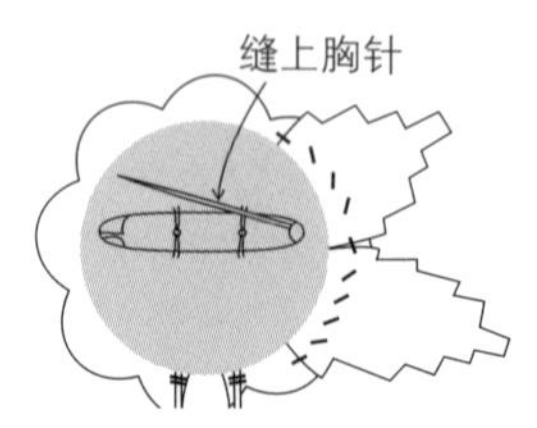

菠萝花样的围巾 图片…p.8

[材料和工具] 线…奥林巴斯 Emmy Grande 原白色（804）80g；针…2 号蕾丝钩针

[花样] 3 层花瓣的玫瑰 a 2 朵…p.16，万寿菊 2 朵…p.18，玫瑰的叶子 a 4 片…p.22

[成品尺寸] 宽 10cm，长 166cm

[密度] 10cm×10cm 面积内：编织花样 2 个花样，12 行

[钩织要点]

1. 在围巾的中间位置钩织锁针起针，分成上下两半钩织。第 1 行从锁针的里山挑针，从第 2 行开始在前一行的锁针上整段挑针，钩织 90 行。
2. 另一端在起针的锁针的剩下 2 根线里挑针开始钩织，按相同要领钩织 90 行。
3. 参照图示排列好花样，用分股线（参照 p.94）缝合固定后，再用藏针缝缝在围巾的两端。

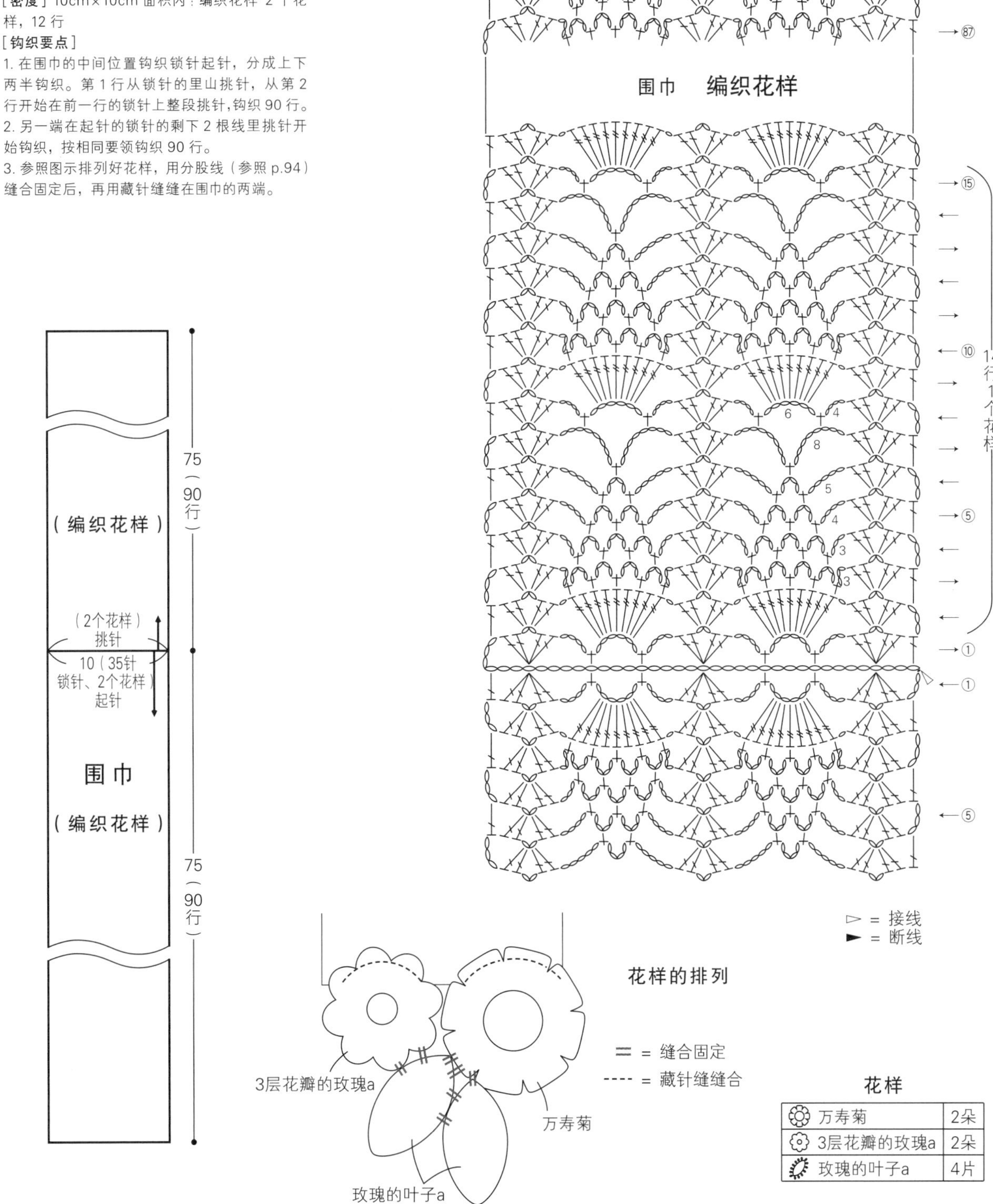

花样

花样	数量
万寿菊	2朵
3层花瓣的玫瑰a	2朵
玫瑰的叶子a	4片

花样育克套头衫 图片…p.26

[材料和工具] 线…奥林巴斯 Emmy Grande〈Herbs〉米白色（800）320g；针…2号蕾丝钩针

[花样] 果实a 18个…p.15，万寿菊 6朵…p.18，叶子b（大）6片、（小）12片…p.20

[成品尺寸] 胸围90cm，衣长59cm，连肩袖长29cm

[密度] 10cm×10cm面积内：编织花样37针，14行

[钩织要点]

1. 前、后身片钩织锁针起针，按编织花样钩织57行。先在袖窿开口止位做上标记。
2. 排列花样，钩织6个网格针花片。将网格针花片正面朝外对齐，3片为一组分别钩织连接条A制作育克部分。
3. 连接身片与育克部分。
4. 肩部、胁部钩织引拔针和锁针缝合（参照p.80）。
5. 下摆、袖口、衣领分别挑取针目后做环形边缘钩织。

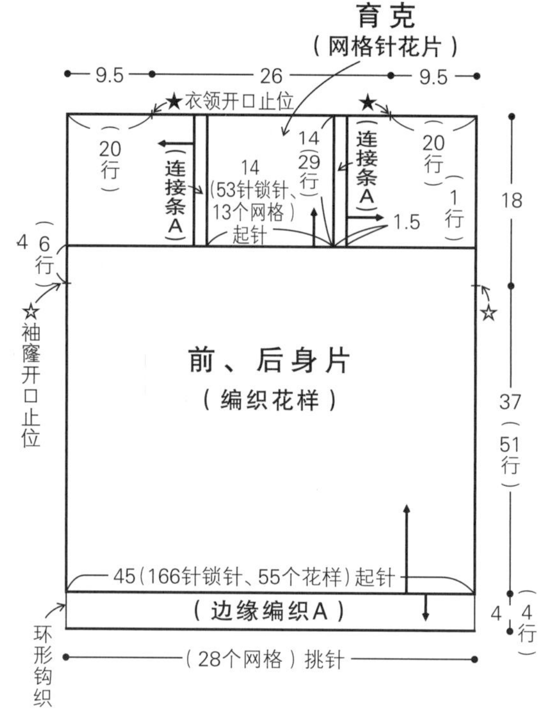

花样

万寿菊	6朵
叶子b（大）	6片
叶子b（小）	12片
果实a	18个

= 短针和长针的2针并1针

网格针花片 按❶～❸的顺序接线钩织

①边缘编织C

叶子b（小）

果实a

叶子b（小）

基底 在第7行短针的拉针上挑针钩织

万寿菊

☆缝合固定

叶子b（大）

果实a

果实a

①连接条A ※从反面接线。

用于连接的网格针花片的第1行

连接条B的挑针位置

用于连接的网格针花片的第1行

①连接条A ※从反面接线。

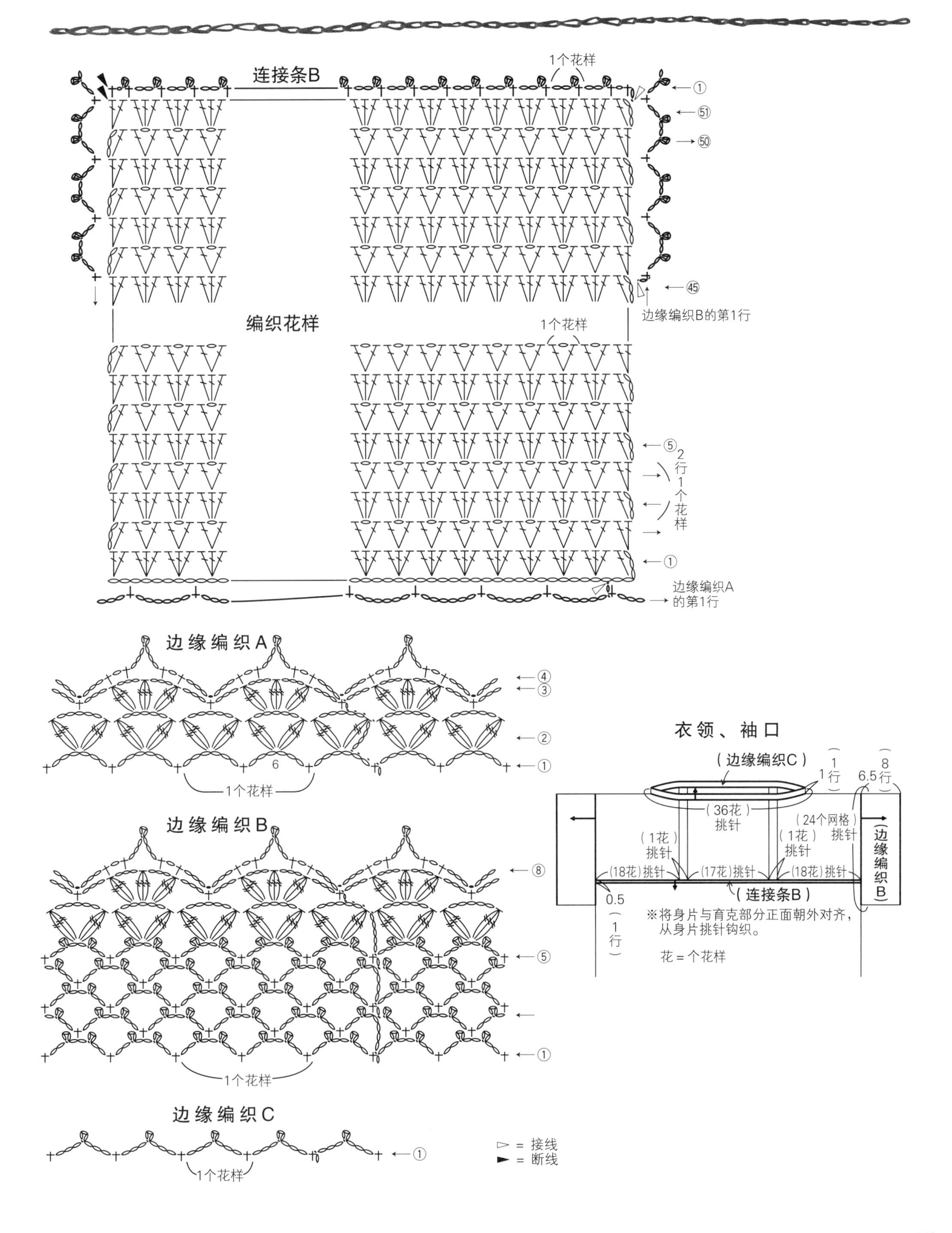
连接条B
1个花样
①
51
50
45
边缘编织B的第1行
编织花样
1个花样
⑤
2行1个花样
①
边缘编织A的第1行
边缘编织A
④
③
②
①
6
1个花样
边缘编织B
⑧
⑤
①
1个花样
边缘编织C
①
1个花样
▷ = 接线
► = 断线
衣领、袖口
（边缘编织C）
1行
8行
6.5
（36花）挑针
（24个网格）挑针
（1花）挑针
（1花）挑针
(边缘编织B)
(18花)挑针
(17花)挑针
(18花)挑针
（连接条B）
0.5
（1行）
※将身片与育克部分正面朝外对齐，从身片挑针钩织。
花 = 个花样

镂空大披肩 图片…p.41

[材料和工具] 线…奥林巴斯 Emmy Grande 暗红色（778）200g；针…2号蕾丝钩针；其他…特大号棒针 7mm

[流苏坠饰花样] 水滴 31个…p.13，雏菊b 10朵…p.50，海滩芥 10朵…p.58，海冬青 11朵…p.58

[成品尺寸] 宽 39cm，长 148cm

[花片大小] 7cm×7cm

[钩织要点]

1. 披肩的花片…在7mm的棒针上绕线制作线环，第1圈钩织短针，从第2圈开始钩织短针和锁针，一共钩织4圈。
2. 从第2个花片开始，在最后一圈钩引拔针与相邻花片做连接。为了使边缘更加平整，注意披肩周围的花片最后一圈的锁针针数有变化。
3. 参照图示，在披肩的3条边上一边钩织流苏一边与流苏坠饰花样做连接。

*花样的排列见 p.69

※ = 连接流苏坠饰的位置

► = 断线

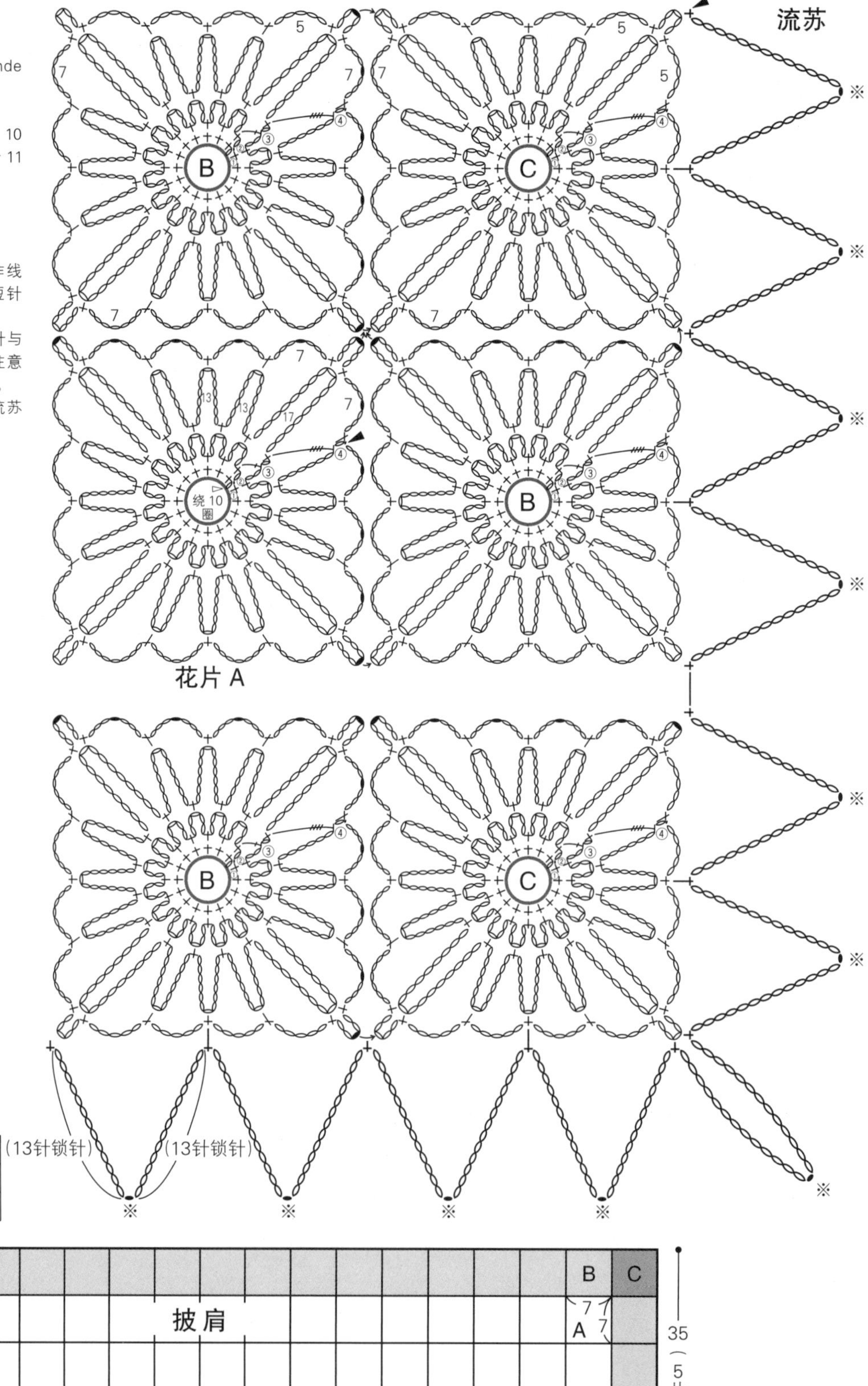

披肩的花片

A：4条边都是7针锁针	54片
B：3条边是7针锁针	42片
C：2条边是7针锁针	4片

B
C
7
A
7
披肩
（连接花片）
35（5片）
140（20片）

网兜和零钱包 图片…p.28

[材料和工具] 线…奥林巴斯 Emmy Grande〈Herbs〉网兜：沙米色（814）100g／零钱包：棕色（745）25g；针…2号蕾丝钩针；其他…零钱包：平纹棉布 13cm×24cm

[花样] 网兜：果实a 1个…p.15，3层花瓣的玫瑰a 10朵…p.16，叶子a 8片…p.19／零钱包：果实a 1个…p.15,3层花瓣的玫瑰a 2朵…p.16，叶子a 2片…p.19

[成品尺寸] 网兜：宽约34cm／零钱包：11cm×11cm

[密度] 10cm×10cm 面积内:网格针 10个网格，18行

[钩织要点]

分别参照 p.29 的步骤详解钩织所需数量的网格针花片。

网兜

1. 先将8个网格针花片连接成环形。
2. 钩织主体和提手。从步骤1的连接花片上挑针，环形钩织至第5行。从第6行开始将主体分开钩织。接着钩织至提手。
3. 钩织2个底部花片（以下称为"底部A"和"底部B"）。
4. 底部A完成后接着钩织网格针，然后与步骤1的花片做连接。在底部A的反面用藏针缝缝上装饰花样。
5. 将另一片底部B（正面）与底部A（反面）重叠，留出返口钩织连接条，连接2个底部。
6. 在底部A的内侧缝上果实作为纽扣。
7. 对齐提手的钩织终点做卷针缝缝合，接着在袋口和提手的边缘钩织1行短针调整形状。

零钱包

1. 钩织主体（前片、后片）。分别从2个网格针花片的周围挑取针目，按编织花样钩织3行。
2. 主体（后片）在包口的一侧钩织盖子。
3. 将主体（前片、后片）正面朝外对齐，在3条边上做半针的卷针缝缝合。然后在盖子的周围钩织短针调整形状。
4. 在主体（前片）缝上果实作为纽扣。
5. 制作内袋，放入主体内，并在包口做藏针缝缝合。

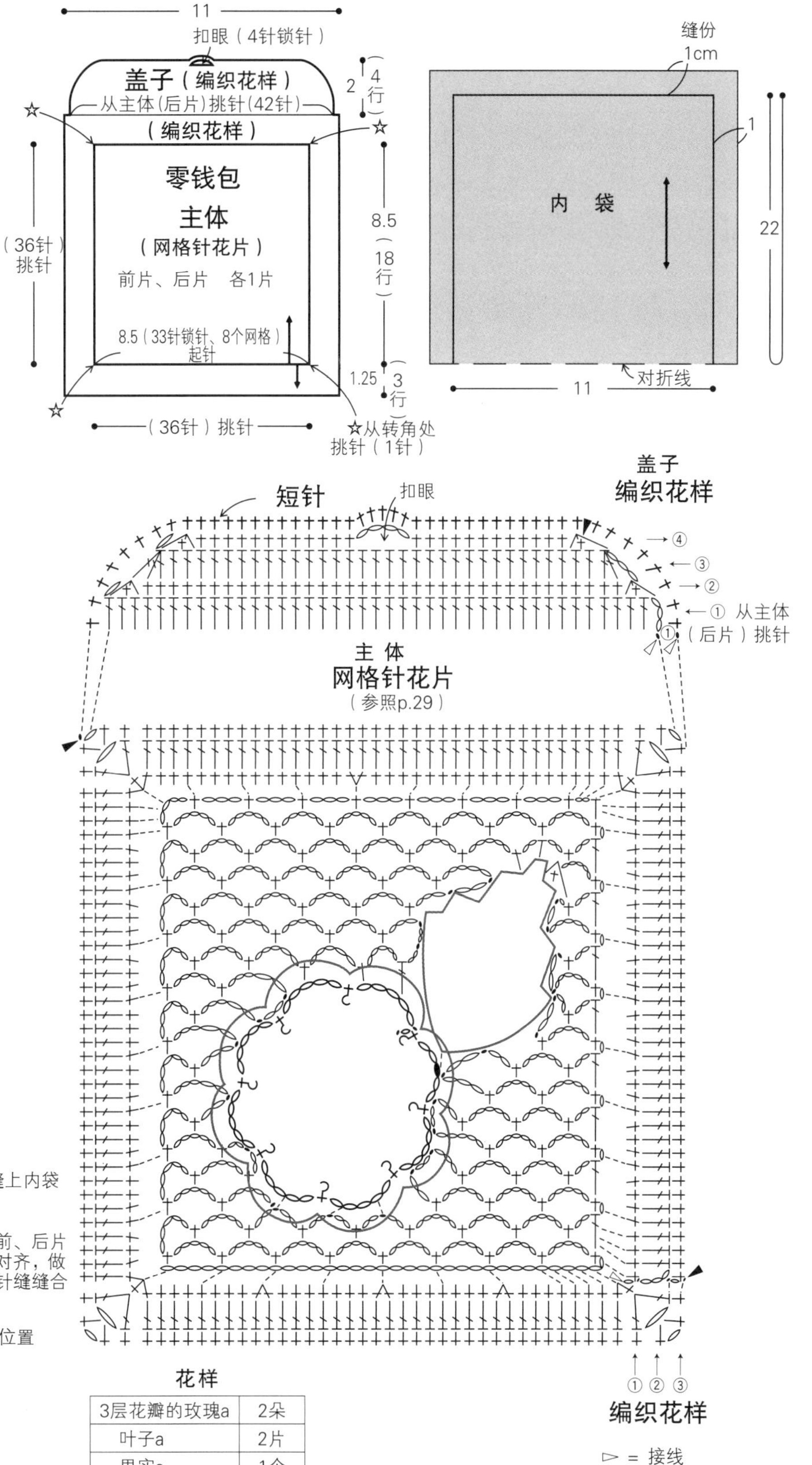

花样	
3层花瓣的玫瑰a	2朵
叶子a	2片
果实a	1个

*网兜的钩织方法见 p.76、77

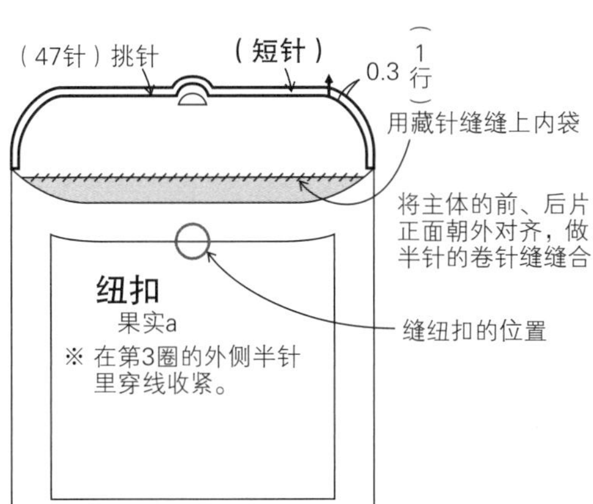

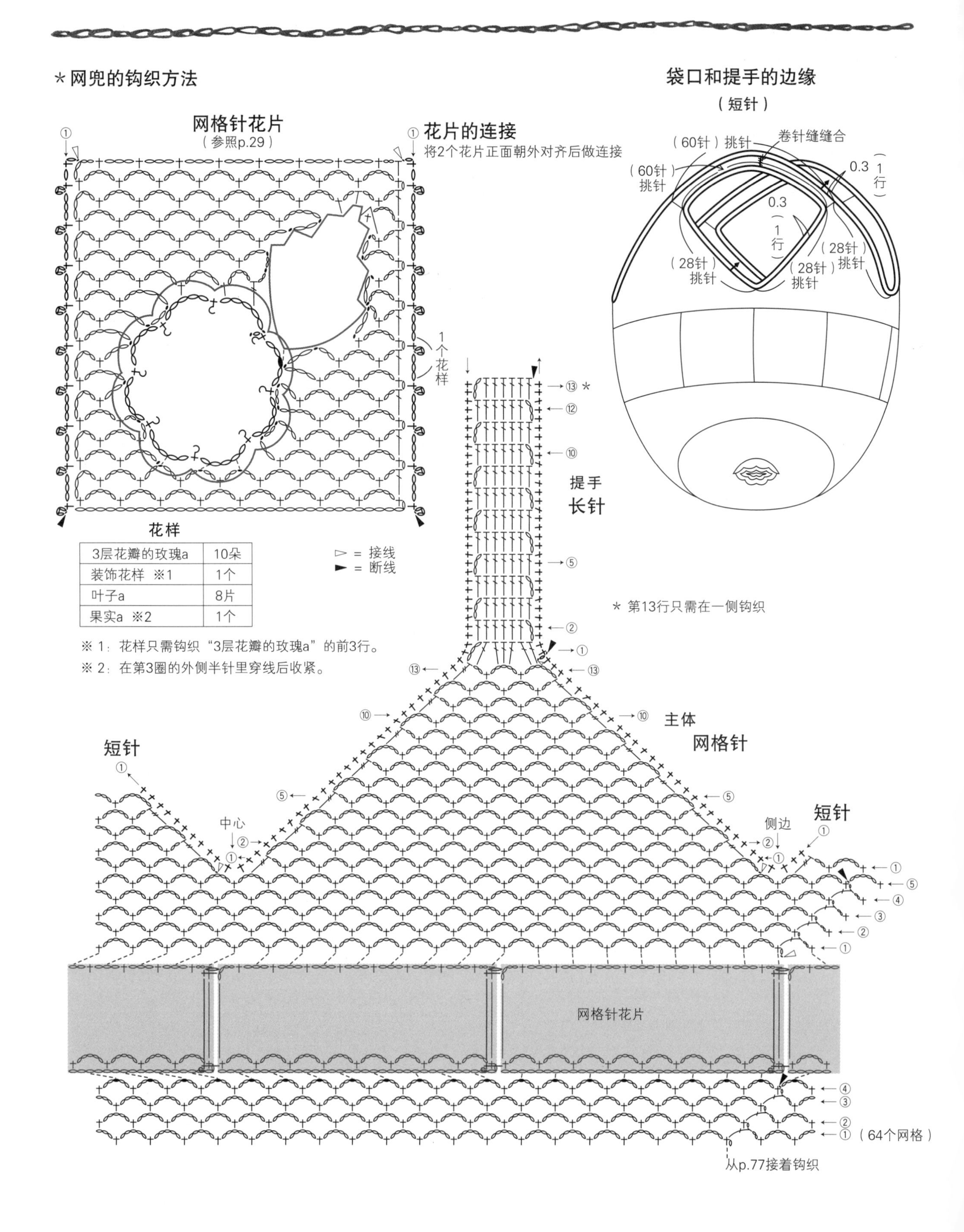

3层花瓣的玫瑰a	10朵
装饰花样 ※1	1个
叶子a	8片
果实a ※2	1个

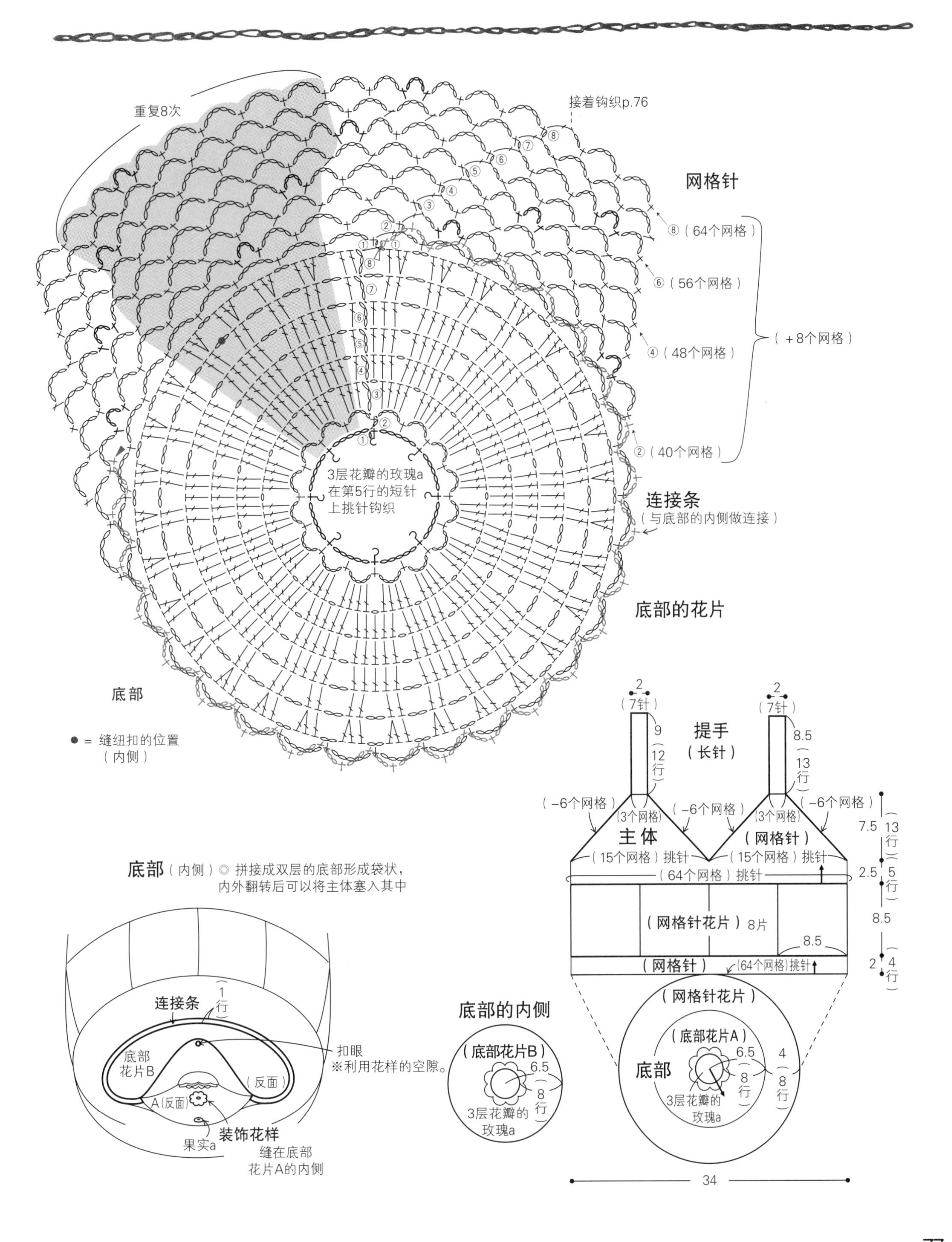

重复8次
接着钩织p.76
网格针
⑧（64个网格）
⑥（56个网格）
④（48个网格）
②（40个网格）
（+8个网格）
3层花瓣的玫瑰a
在第5行的短针
上挑针钩织
连接条
（与底部的内侧做连接）
底部的花片
底部
● = 缝纽扣的位置
（内侧）
提手
（长针）
2
（7针）
9
（12行）
8.5
（13行）
（−6个网格）
（3个网格）
主体
（网格针）
（15个网格）挑针
（64个网格）挑针
7.5
13行
2.5
5行
8.5
（网格针花片）8片
2
4行
（64个网格）挑针
（网格针花片）
（底部花片A）
6.5
8行
4
3层花瓣的玫瑰a
34
底部（内侧）◎ 拼接成双层的底部形成袋状，
内外翻转后可以将主体塞入其中
连接条
1行
底部
花片B
扣眼
※利用花样的空隙。
（反面）
A（反面）
装饰花样
果实a
缝在底部
花片A的内侧
底部的内侧
（底部花片B）
3层花瓣的
玫瑰a

圆环连接的束口袋 图片…p.32

[材料和工具] 线…奥林巴斯 Emmy Grande 米色系:〈Herbs〉浅米色（732）35g,米色（721）25g / 藏青色：藏青色（318）60g；针…2号蕾丝钩针

[花样] 圆环 a（12针）54个、（18针）4个…p.51，圆环 b 67个…p.51

[成品尺寸] 宽 18cm，深 15cm

[钩织要点]

1. 从底部中心的圆环 b 开始钩织。从第 2 个圆环 b 开始，一边钩织一边在最后一圈与相邻圆环做连接。
2. 在圆环 b 的空隙里钩织并连接圆环 a。
3. 钩织 2 根细绳（参照 p.69），参照图示穿入穿绳位置完成组合。

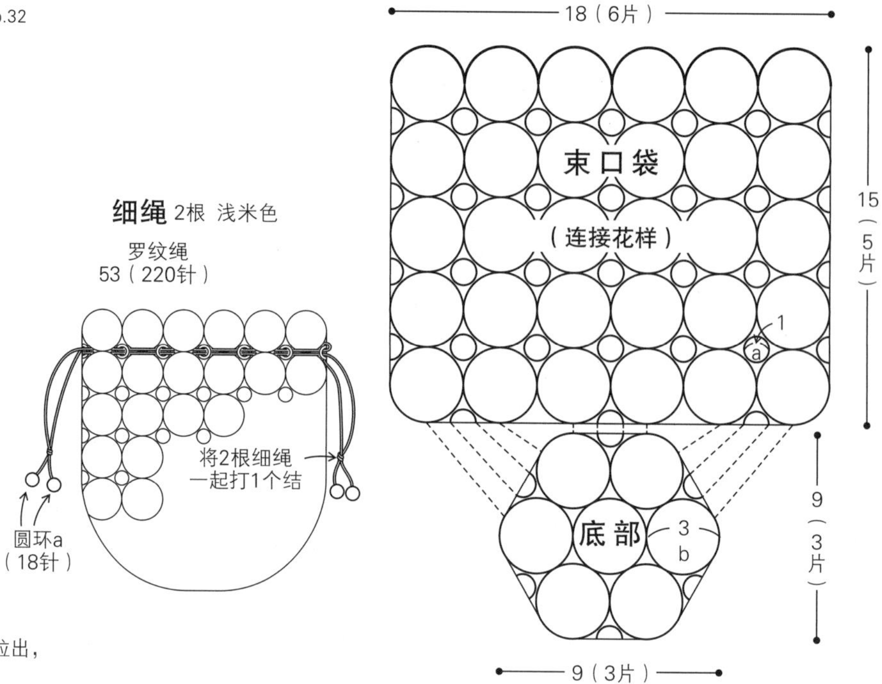

[花样的连接方法]
在连接位置取下钩针暂停钩织。
在相邻花样里插入钩针，将刚才取下的针目拉出，继续钩织花样的剩余部分。

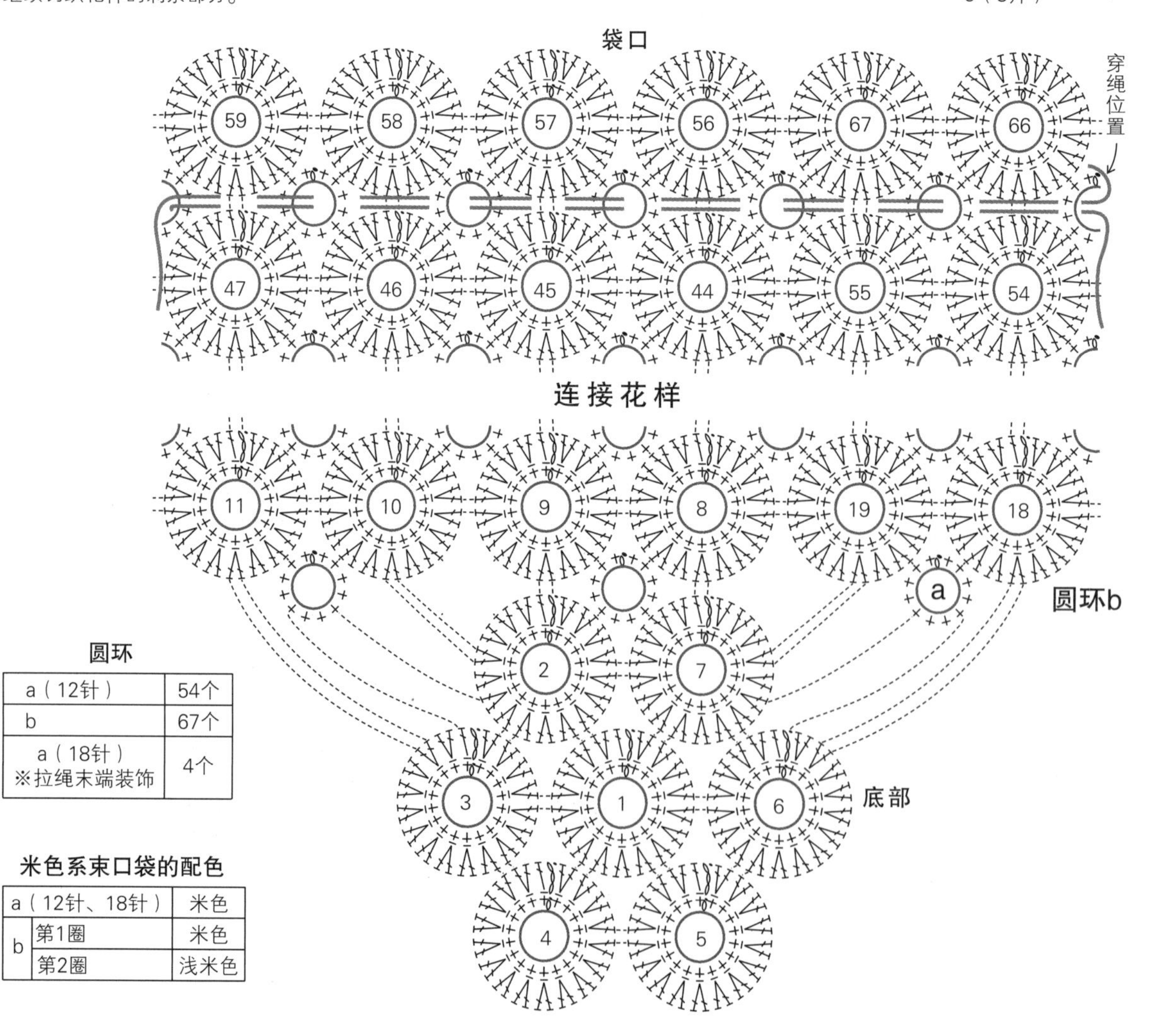

圆环

a（12针）	54个
b	67个
a（18针）※拉绳末端装饰	4个

米色系束口袋的配色

a（12针、18针）		米色
b	第1圈	米色
	第2圈	浅米色

红色小围巾 图片…p.33

[材料和工具] 线…奥林巴斯 Emmy Grande 红色（192）55g；针…2号蕾丝钩针

[花样] 万寿菊 1朵…p.18，叶子 a 2片…p.19，叶子 b（大、小）各1片…p.20，雏菊 b 1朵…p.50，报春花 1朵…p.54，铁线莲 1朵…p.55，蝴蝶 1只…p.61

[成品尺寸] 宽 11cm，长 63cm

[密度] 编织花样的5个花样 11cm，10cm 13行

[钩织要点]

1. 在图中指定位置钩织锁针起针，从锁针的里山挑针开始钩织。按编织花样钩织72行。
2. 如图所示从起针的另一端挑针，按编织花样钩织围巾的扣环部分。
3. 将围巾的扣环部分向反面翻折，做卷针缝缝合。
4. 在围巾的两端以及扣环部分的正面排列好花样，用分股线（参照p.94）做藏针缝缝合。

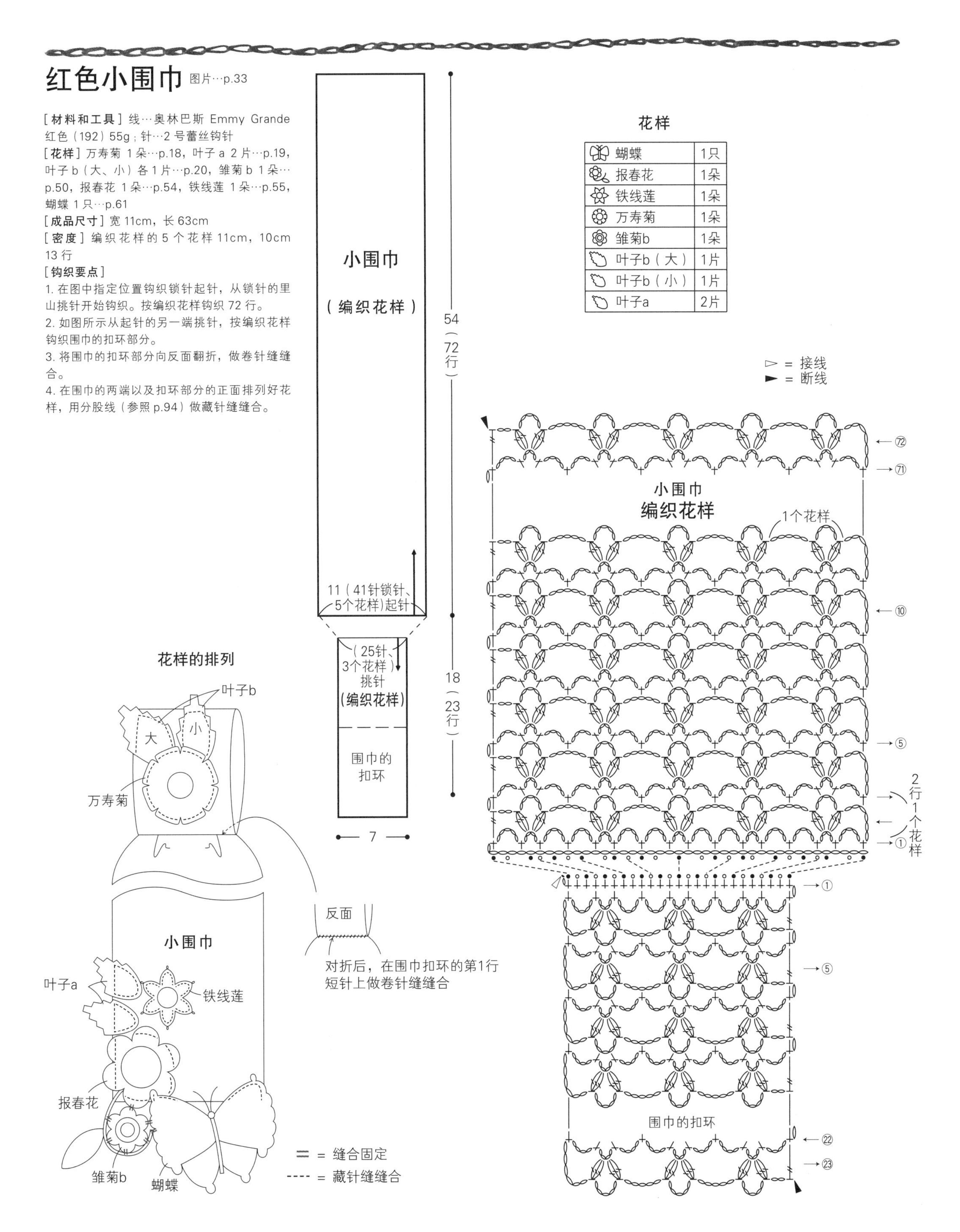

花样		
蝴蝶	1只
报春花	1朵
铁线莲	1朵
万寿菊	1朵
雏菊b	1朵
叶子b（大）	1片
叶子b（小）	1片
叶子a	2片

复古风手提包 图片…p.34

[材料和工具] 线…奥林巴斯 Emmy Grande 蓝灰色（486）170g；针…2号蕾丝钩针；其他…衬垫（塑料片）21cm×12cm

[花样] 水滴 4个…p.13，果实a 8个…p.15，万寿菊 2朵…p.18，叶子b（大）4片…p.20，三叶草 8片…p.24

[成品尺寸] 宽（底部）30cm，深24cm

[密度] 编织花样的1个花样2cm，10cm，19行

[钩织要点]

1. 手提包的主体在底部钩织锁针起针，钩织至开口止位时做上标记，接着钩织至包口。钩织前、后片。
2. 将2片主体正面朝内对齐，侧边钩织引拔针和锁针缝合。
3. 底部在2片主体钩织起点的锁针上挑针，环形钩织边缘。从内侧用藏针缝缝合包底。
4. 钩织2根提手，如图所示缝成圆筒状。
5. 参照组合方法图，将提手缝在包口，夹住衬垫向内侧翻折后做卷针缝缝合。
6. 在包口的两侧钩织1行短针调整形状。
7. 如图所示排列好花样，用分股线（参照p.94）做藏针缝缝在包口。

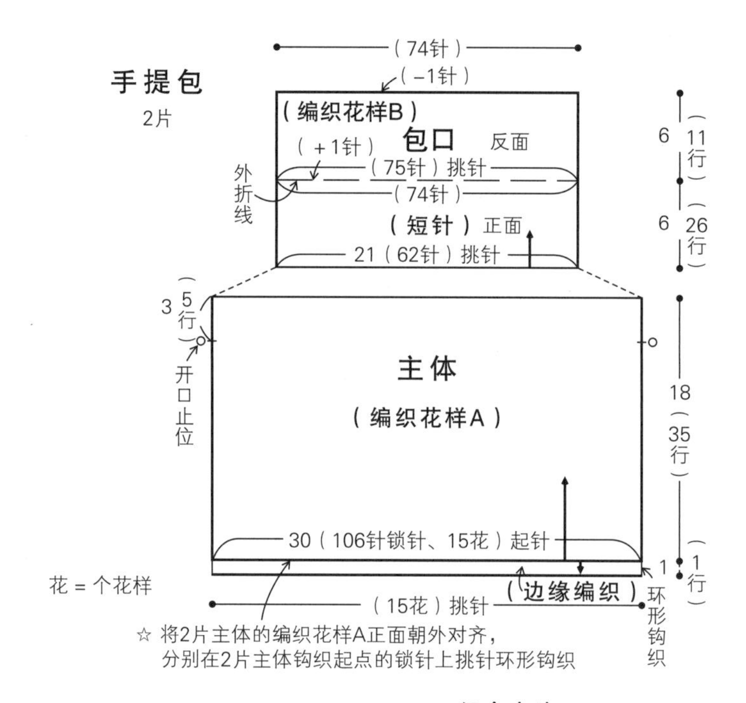

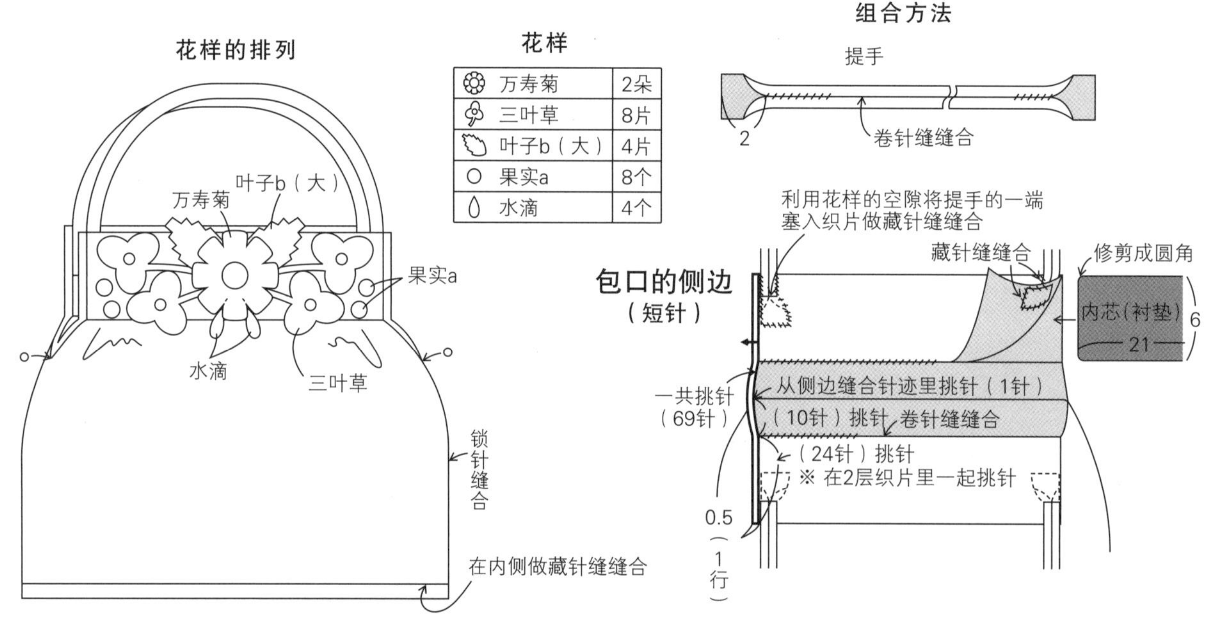

花样

花样	数量
万寿菊	2朵
三叶草	8片
叶子b（大）	4片
果实a	8个
水滴	4个

钩织引拔针和锁针缝合

根据织物的具体情况调整锁针的针数

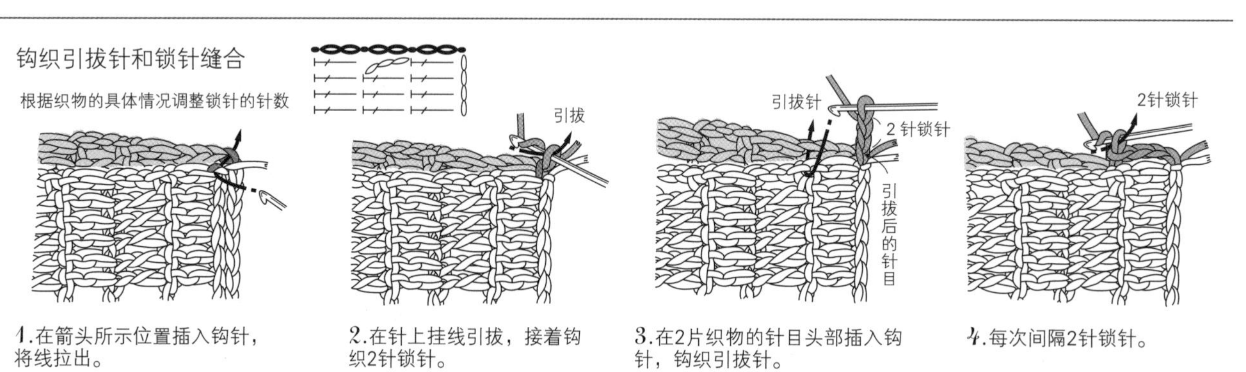

1.在箭头所示位置插入钩针，将线拉出。

2.在针上挂线引拔，接着钩织2针锁针。

3.在2片织物的针目头部插入钩针，钩织引拔针。

4.每次间隔2针锁针。

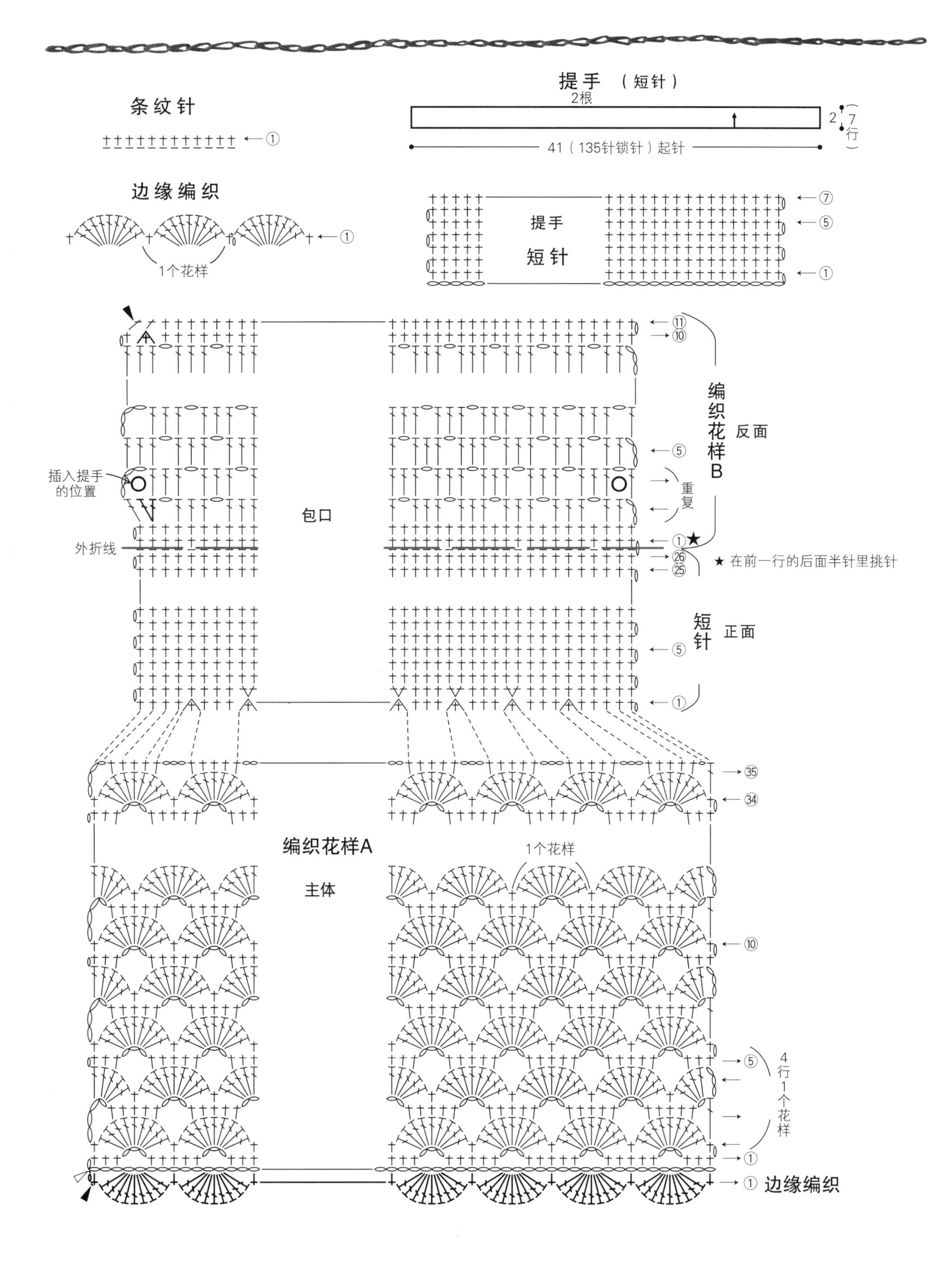

条纹针
①
边缘编织
①
1个花样
提手（短针）
2根
2
7行
41（135针锁针）起针
⑦
⑤
①
提手
短针
⑪
⑩
编织花样B
反面
⑤
插入提手的位置
重复
包口
①
★
外折线
㉖
㉕
★在前一行的后面半针里挑针
短针
正面
⑤
①
㉟
㉞
编织花样A
主体
1个花样
⑩
⑤
4行1个花样
①
① 边缘编织

装饰领 图片…p.35

[材料和工具] 线…奥林巴斯 Emmy Grande 浅米色（731）55g；芯线…将 1320cm 长的线折成 4 折（330cm×4 根）；针…2 号蕾丝钩针

[花样] 雏菊 b 2 朵…p.50，玫瑰的叶子 c 10 片…p.51，牛舌草（长花茎）2 朵、（短花茎）8 朵…p.55

[成品尺寸] 参照图示

[密度] 10cm×10cm 面积内：编织花样 8 个网格，13 行（外侧）

[钩织要点]

1. 装饰领在后中心钩织锁针起针，参照图示一边向外扩展一边按编织花样钩织 64 行。接着从起针的另一侧挑针，左右对称钩织 63 行。
2. 在领尖加入芯线，包住芯线以及衣领周围的针目钩织边缘。
3. 如图所示，在边缘编织的指定位置接线钩织罗纹绳（参照 p.69），并在绳子的末端缝上花样。
4. 将花样排列在装饰领的正面，用分股线（参照 p.94）做藏针缝缝合。

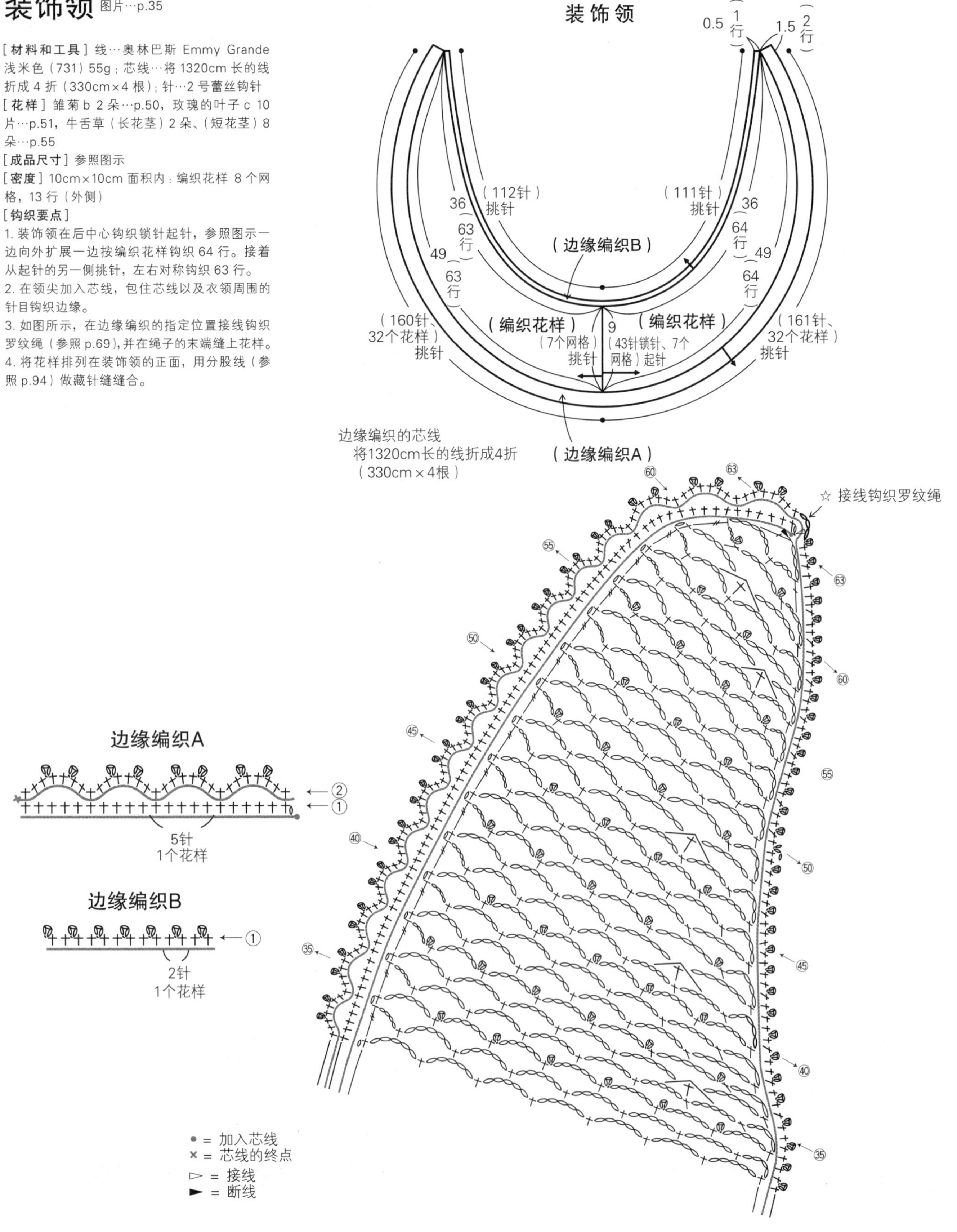

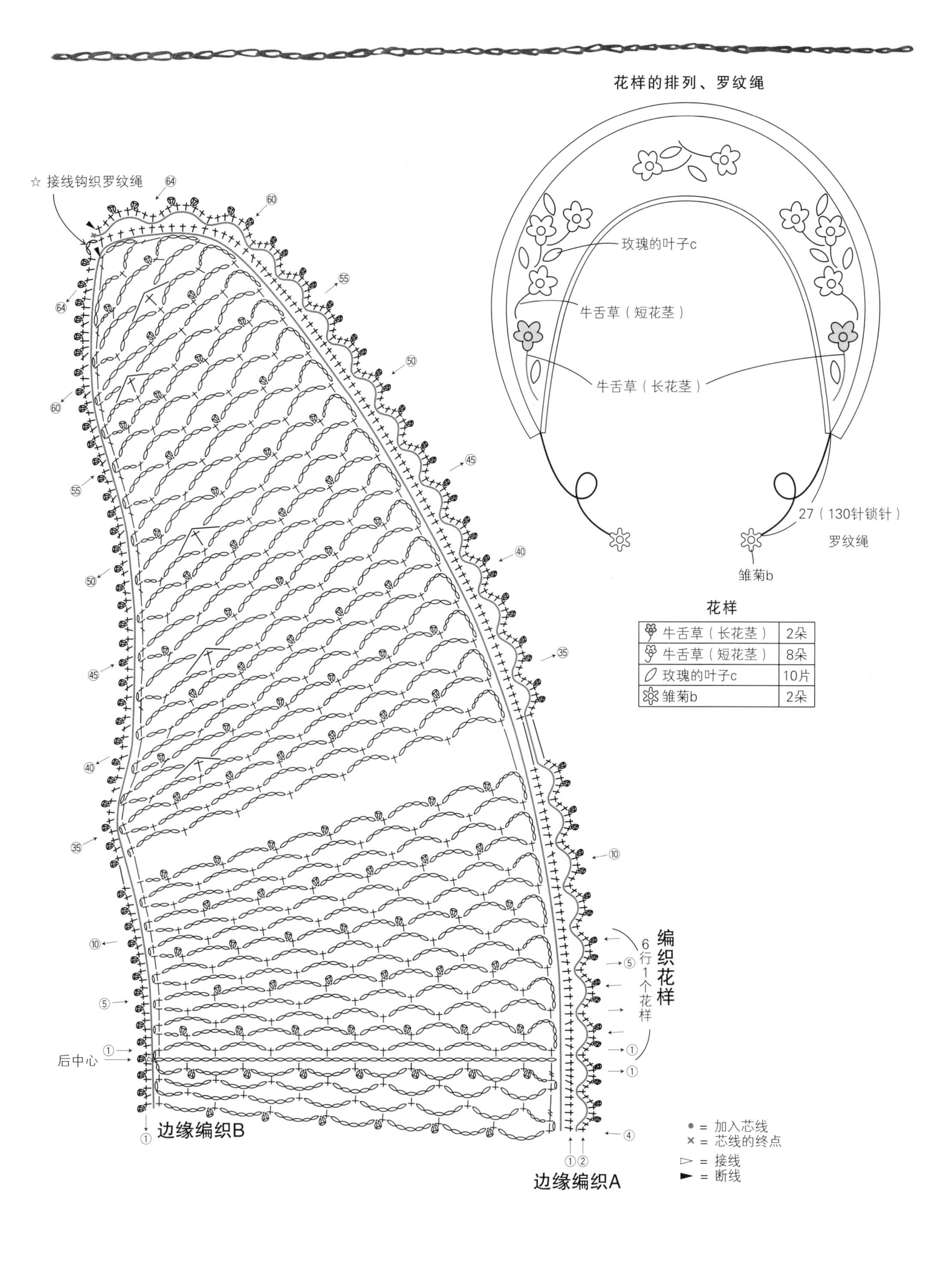

花样

花样	数量
牛舌草（长花茎）	2朵
牛舌草（短花茎）	8朵
玫瑰的叶子c	10片
雏菊b	2朵

小外搭 图片…p.36

［材料和工具］线…奥林巴斯 Emmy Grande 原白色（804）195g；针…2 号蕾丝钩针

［花样］叶子 c 12 片…p.50，3 层花瓣的玫瑰 b、c 各 4 朵…p.50，玫瑰的叶子 b 2 片…p.51，玫瑰的叶子 d 8 片…p.51，果实 b 3 个…p.51，凤仙花 4 朵…p.54，铁线莲 4 朵…p.55

［成品尺寸］胸围 80cm，衣长 46cm，连肩袖长 26cm

［密度］10cm×10cm 面积内：编织花样 7 个花样，18.5 行

［钩织要点］

1. 前、后身片都是在下摆位置钩织锁针起针，参照图示钩织至肩部。左右对称地钩织 2 片前身片。
2. 肩部钩织引拔针和锁针接合，胁部和袖下钩织引拔针和锁针缝合（参照 p.80）。
3. 下摆、前门襟和衣领连起来做环形边缘编织，并在右前门襟留出扣眼。袖口做环形边缘编织。
4. 参照花样的排列图，用分股线（参照 p.94）将花样做藏针缝缝在前身片上。

衣领、前门襟、下摆、袖口（边缘编织）

2（3行）
2（3行）
（67针）挑针
（112针）挑针
（54针）挑针
从转角处挑针（1针）
1 扣眼
1.5
※ 利用花样的空隙。
（74针）挑针
（76针）挑针
与后身片连续钩织

*前身片的图 3、图 4 见 p.86

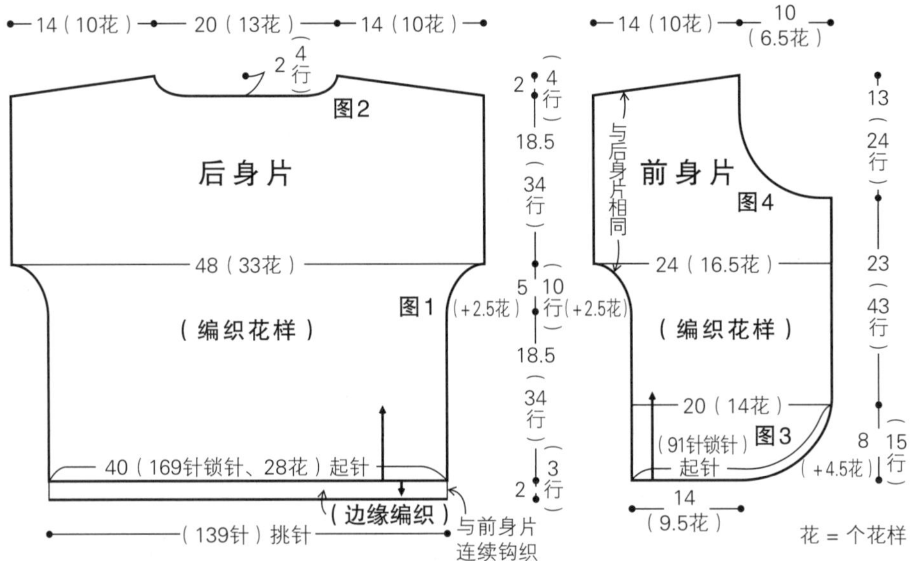

花样

A	3层花瓣的玫瑰b	4朵
B	3层花瓣的玫瑰c	4朵
C	铁线莲	4朵
D	凤仙花	4朵
E	叶子c	12片
F	玫瑰的叶子b	2片
G	玫瑰的叶子d	8片
H	果实b（纽扣）	3个

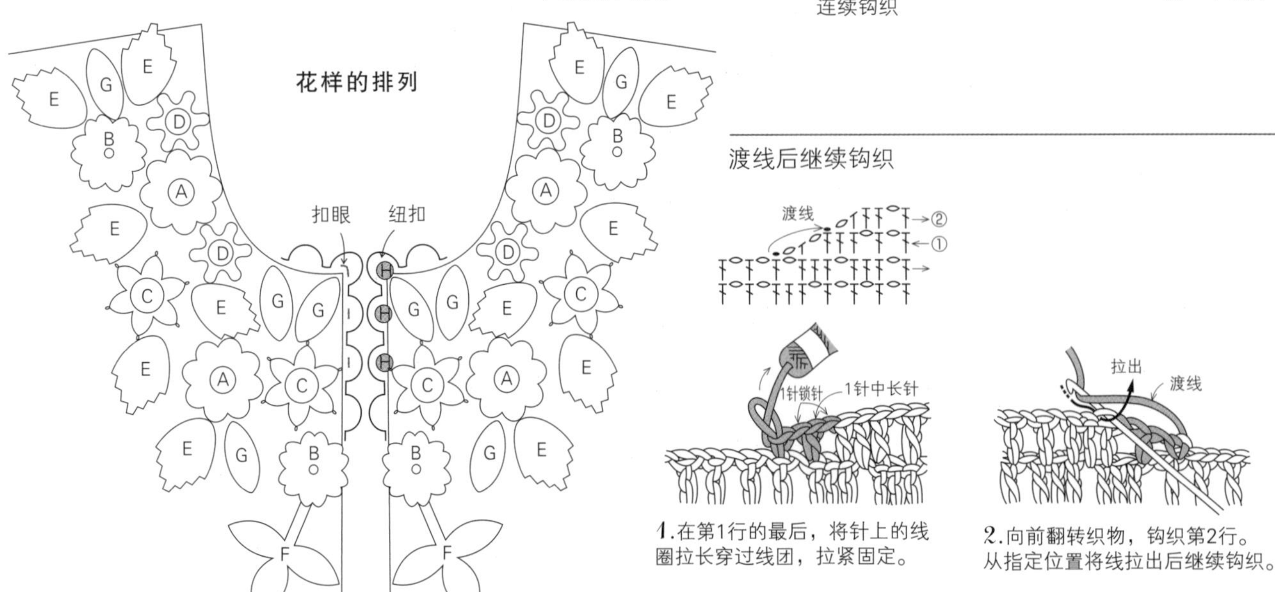

1.在第1行的最后，将针上的线圈拉长穿过线团，拉紧固定。

2.向前翻转织物，钩织第2行。从指定位置将线拉出后继续钩织。

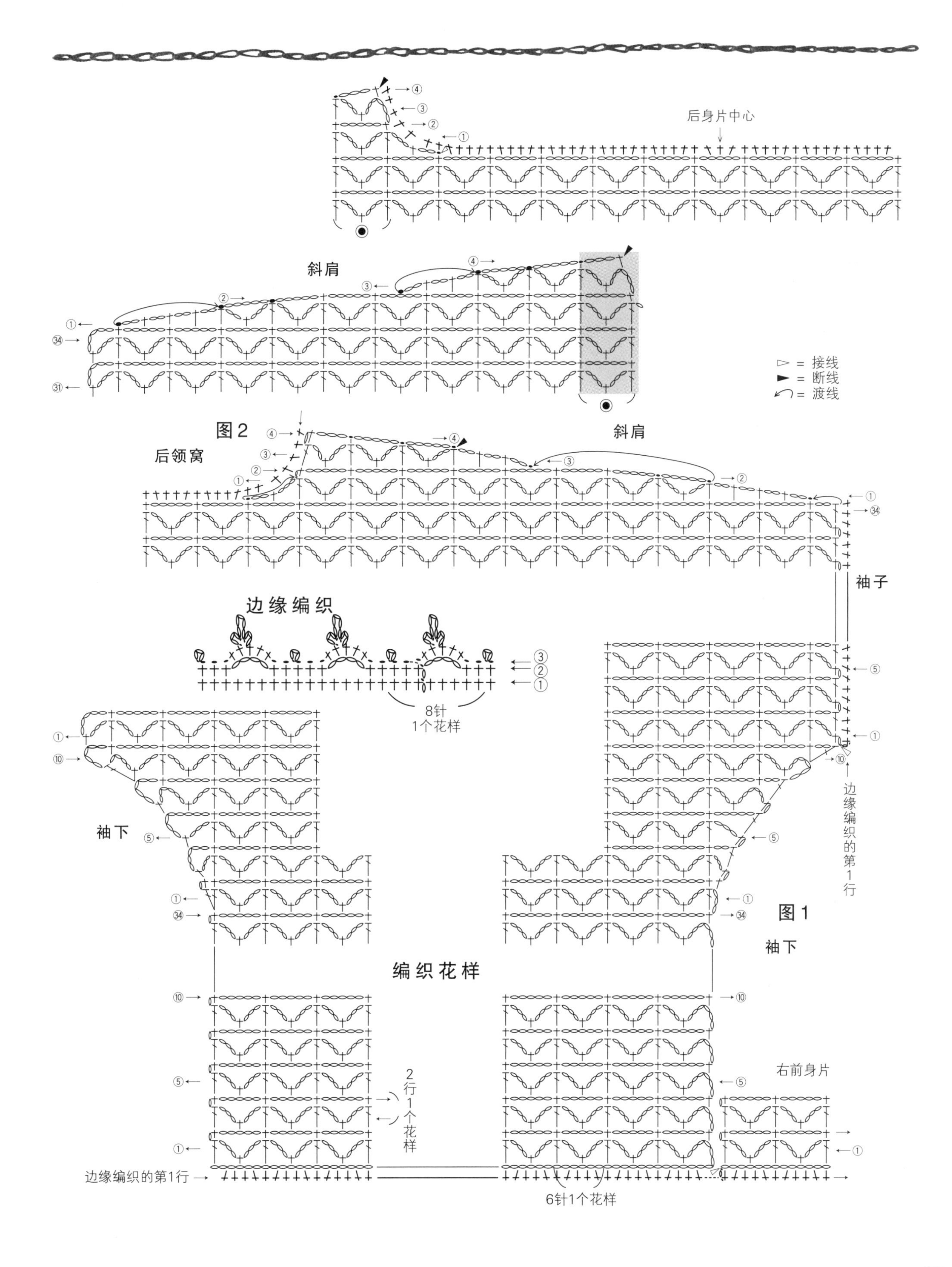
后身片中心
斜肩
接线
断线
渡线
图2
后领窝
斜肩
袖子
边缘编织
8针
1个花样
袖下
边缘编织的第1行
图1
袖下
编织花样
2行1个花样
右前身片
边缘编织的第1行
6针1个花样

*小外搭，接 p.84

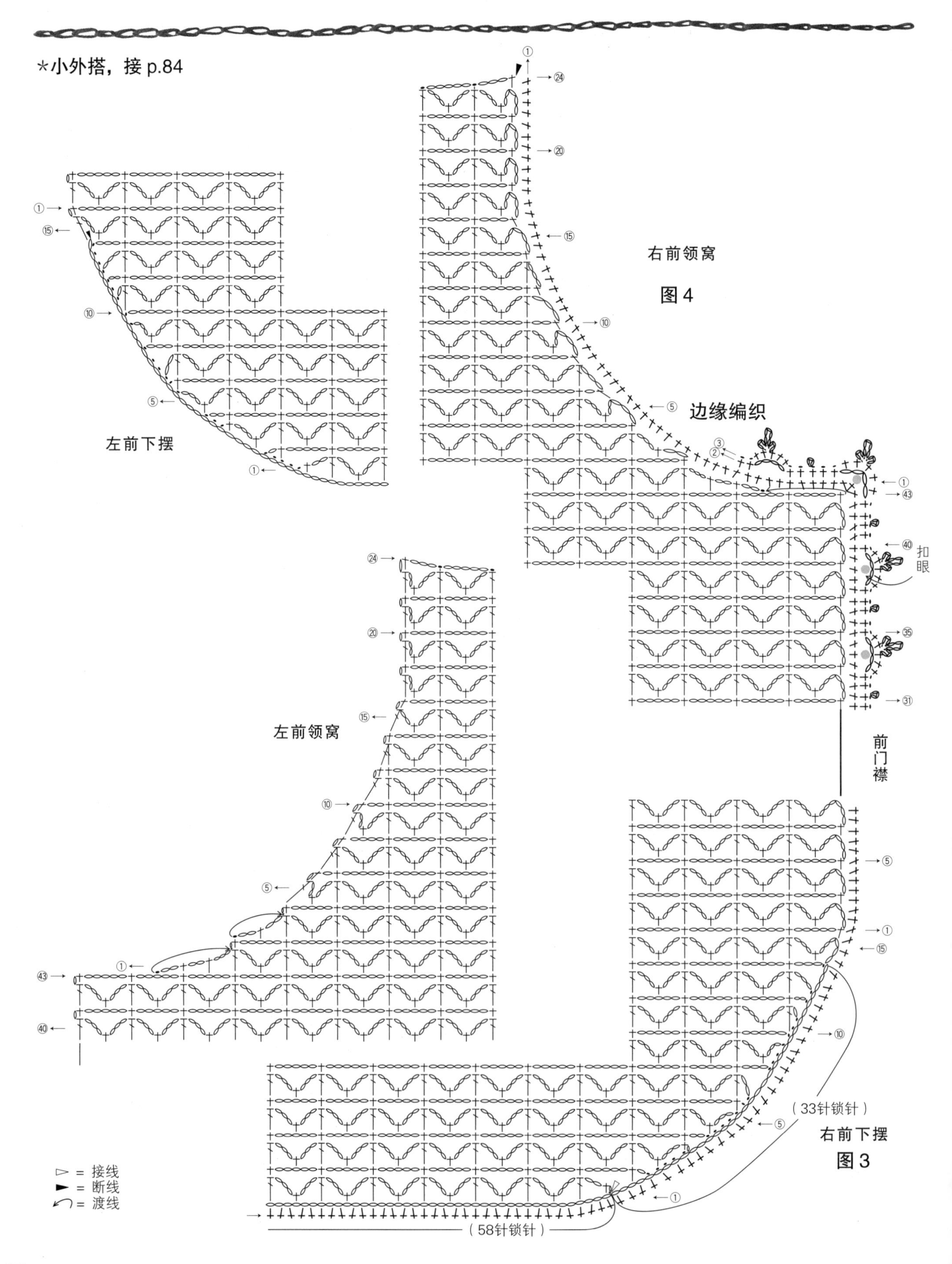

花朵围巾 图片…p.38

[材料和工具] 线…奥林巴斯 Emmy Grande 仿古白色（851）75g；
针…0 号蕾丝钩针
[花样] 玫瑰的叶子 c 8 片…p.51，岩玫瑰 16 朵…p.58
[成品尺寸] 宽 14cm，长 108cm
[密度] 编织花样的 1 个花样 3cm，10cm，12 行

[钩织要点]
1. 在围巾的中间位置钩织锁针起针，分成上下两半钩织。第 1 行从锁针的里山挑针，钩织 42 行。
2. 另一端在起针的锁针的剩下 2 根线里挑针，按相同方法钩织。
3. 在围巾的行上钩织边缘调整形状。
4. 连接花样时，从第 2 个岩玫瑰花样开始，将最后一圈连接位置的锁针改成引拔针与相邻花样做连接。玫瑰的叶子 c 在图中指定位置做连接，再用分股线（参照 p.94）缝合固定。
5. 在围巾的两端一边钩织连接条，一边与步骤 4 的花样做连接。

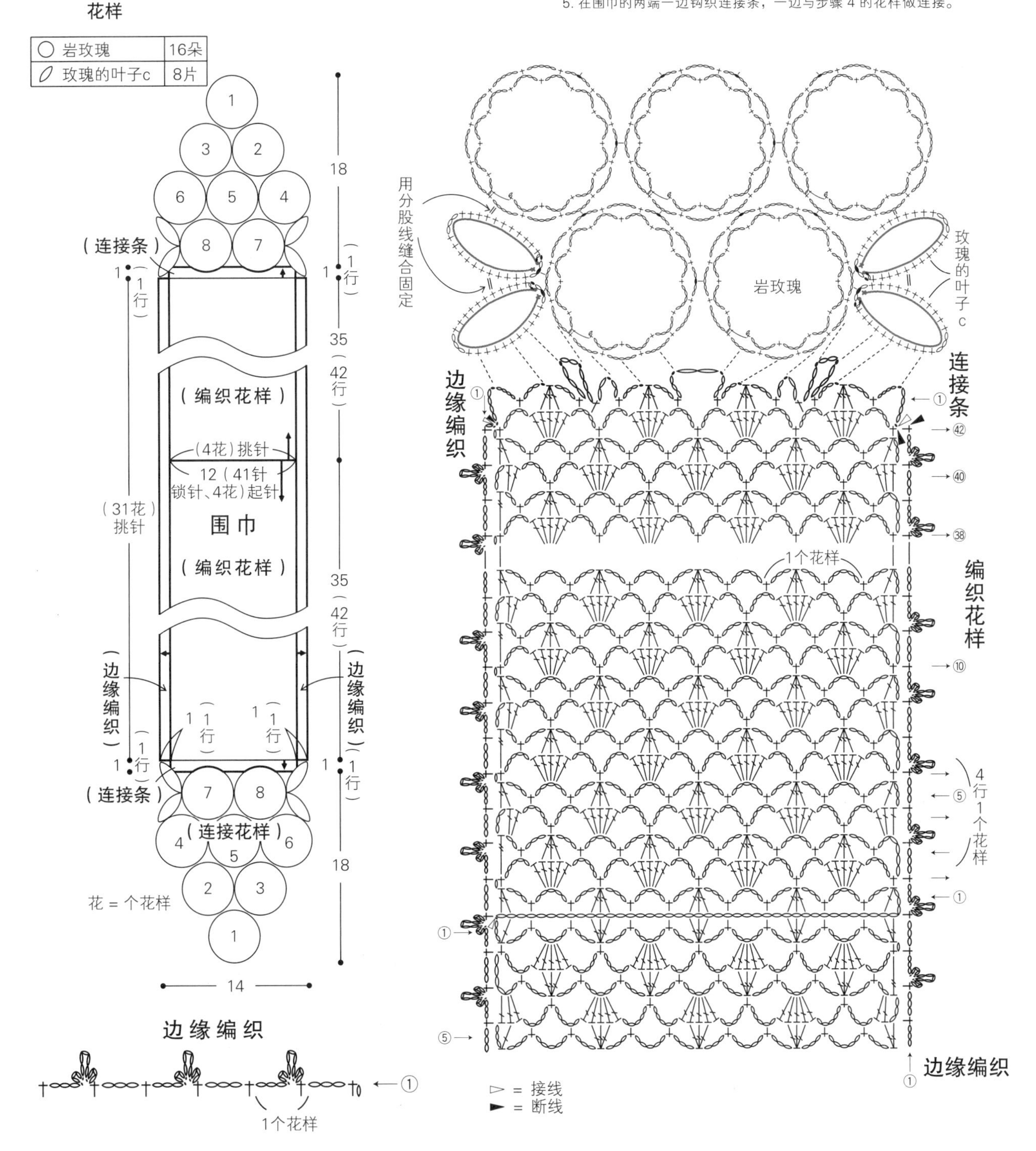

扁平手提包 图片…p.39

[材料和工具] 线…奥林巴斯 Emmy Grande 黑色（901）120g；针…2 号蕾丝钩针；其他…平纹棉布 28cm×54cm

[花样] 向日葵 10 朵、海石竹 8 朵…p.59

[成品尺寸] 宽 26cm，深 27cm

[钩织要点]

1. 主体是连接花样。将花样最后一圈的锁针改成引拔针做连接。钩织前、后 2 片主体。
2. 从连接花样的周围挑针，钩织 4 行边缘。
3. 将 2 片主体正面朝外对齐，用卷针缝缝合 3 条边。在包口钩织短针的棱针。
4. 钩织 2 根提手，缝在包口。
5. 制作内袋，如组合方法图所示夹住提手，用藏针缝缝在包口。

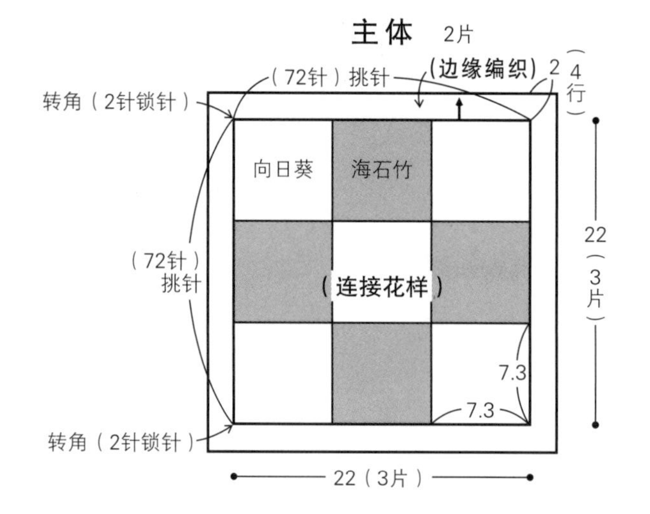

花样

向日葵	10朵
海石竹	8朵

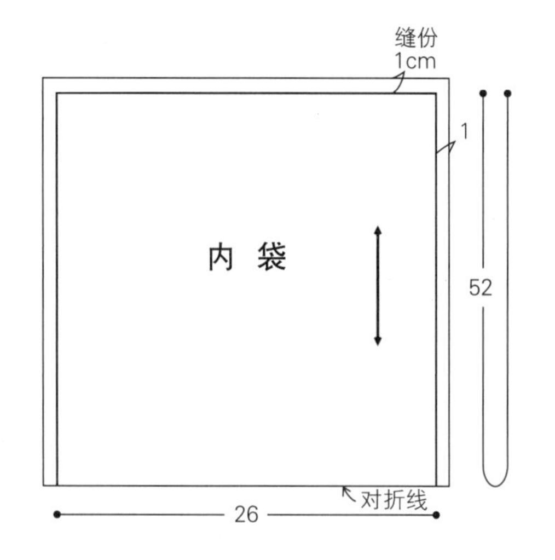

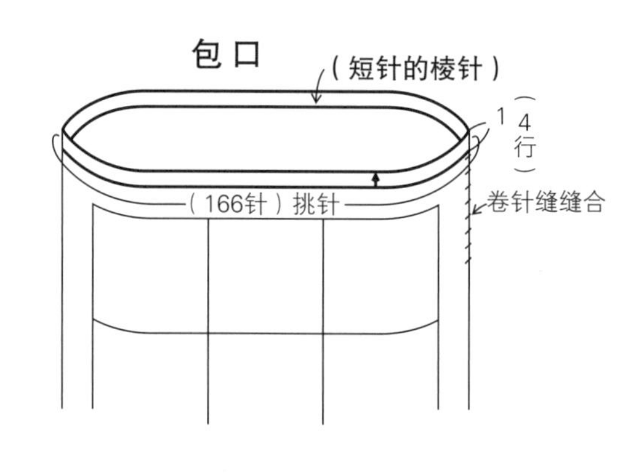

提手 2根

（短针的棱针）

1.5（6行）

35（131针锁针）起针

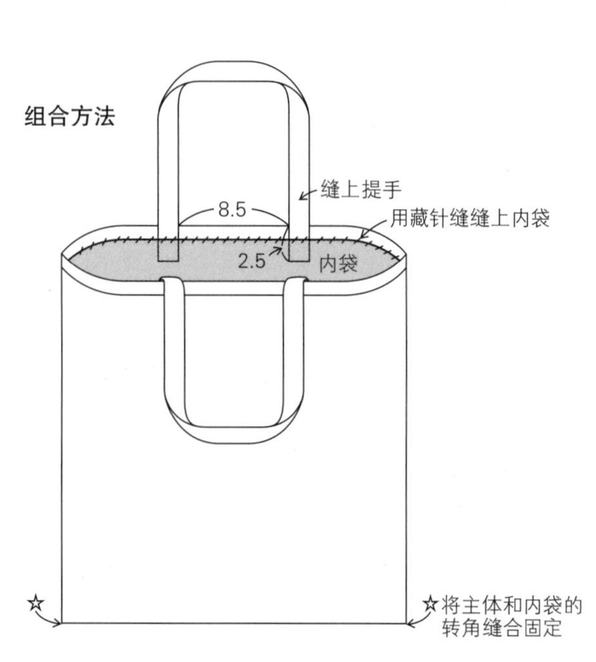

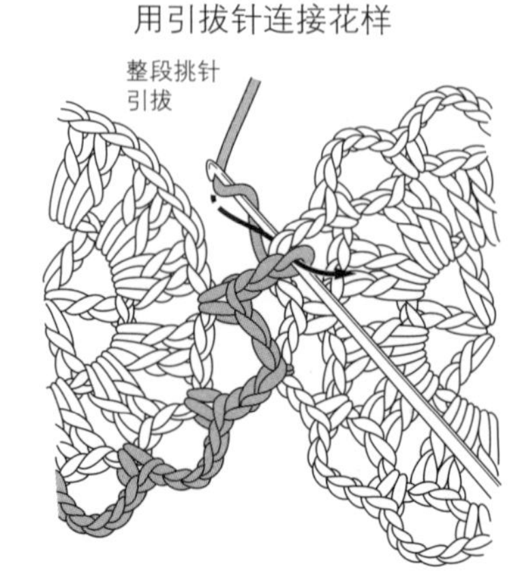

从正面将钩针插入相邻花样的线环中，引拔连接。

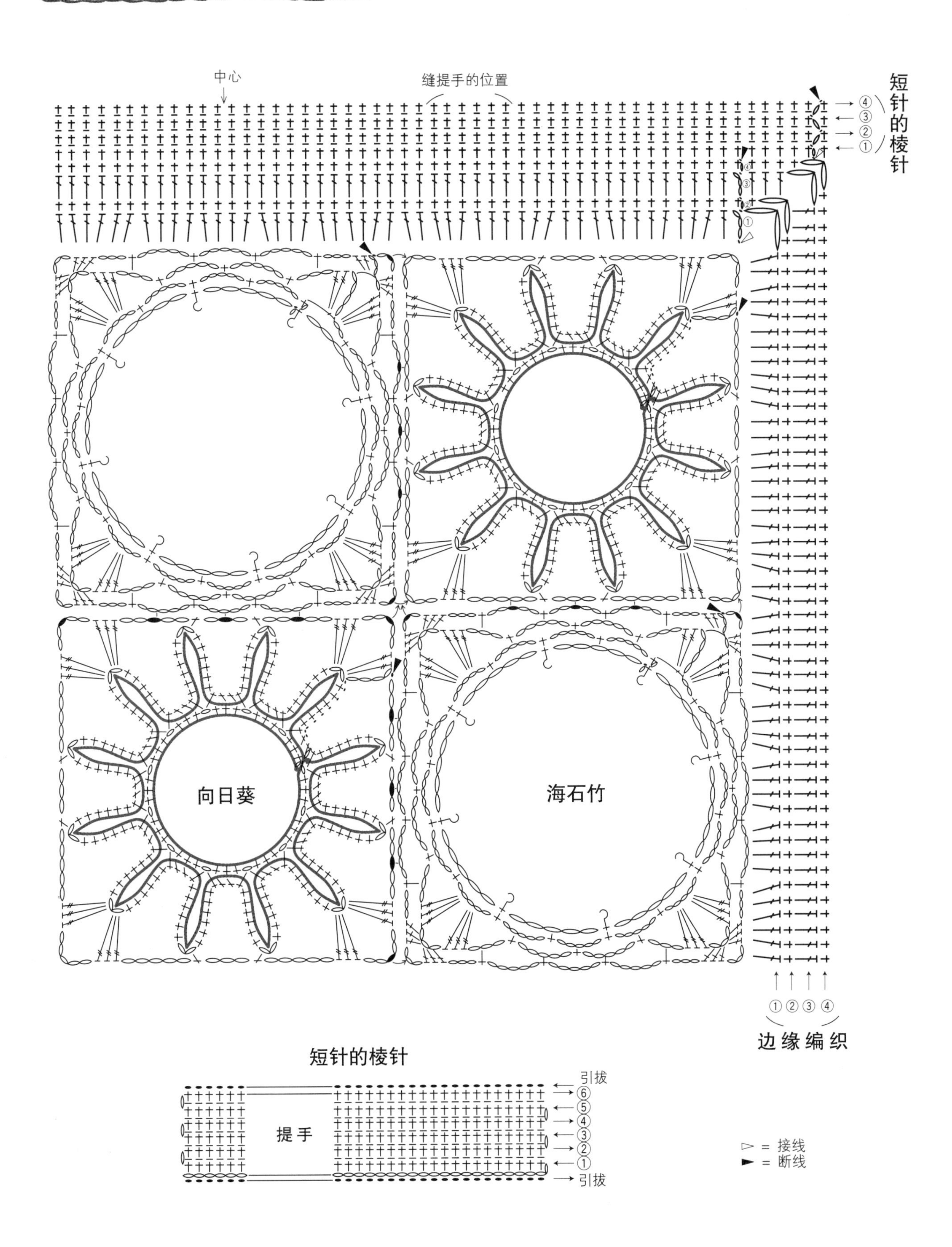

中心
缝提手的位置
短针的棱针
④
③
②
①
向日葵
海石竹
边缘编织
短针的棱针
引拔
⑥
⑤
④
③
②
①
引拔
提手
▷ = 接线
► = 断线

迷你披肩 图片…p.40

[材料和工具] 线…奥林巴斯 Emmy Grande 炭灰色（416）135g；针…2号蕾丝钩针

[花样] 玫瑰的叶子a 30片…p.22，三叶草 15片…p.24，雏菊b 22朵…p.50，2层花瓣的玫瑰 22朵…p.58，四照花a 15朵…p.58

[成品尺寸] 宽 21.5cm

[钩织要点]

1. 参照图示，分别将花样连接成环形。在连接花样的上、下两边钩织锁针形成平滑的边缘，制作A~D。
2. 在A~D之间钩织连接条进行连接。
3. 在领窝钩织2行边缘编织并调整形状。

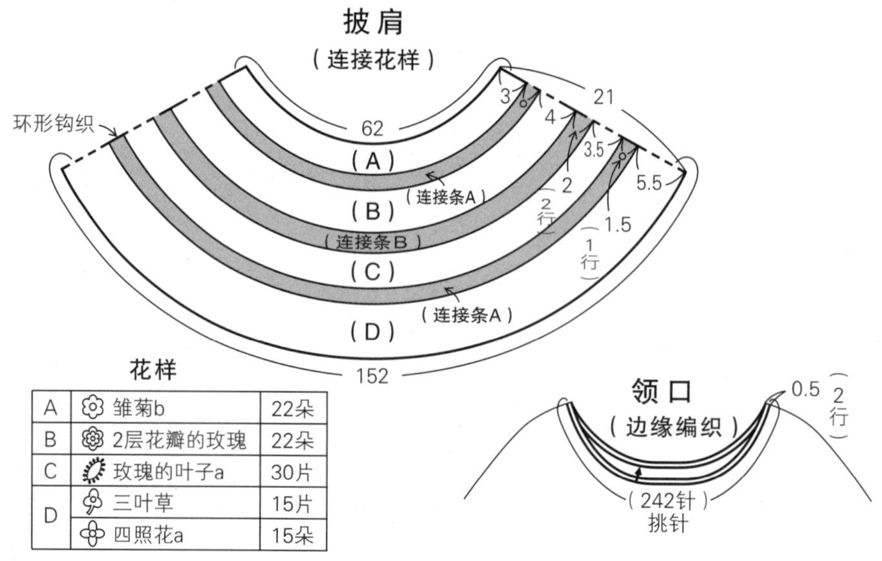

花样

	花样	数量
A	雏菊b	22朵
B	2层花瓣的玫瑰	22朵
C	玫瑰的叶子a	30片
D	三叶草	15片
	四照花a	15朵

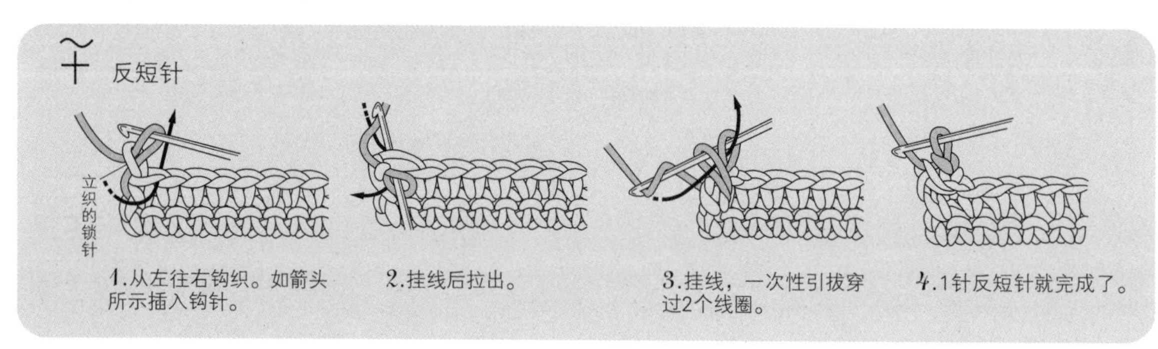

---

*咖啡帘，接p.92

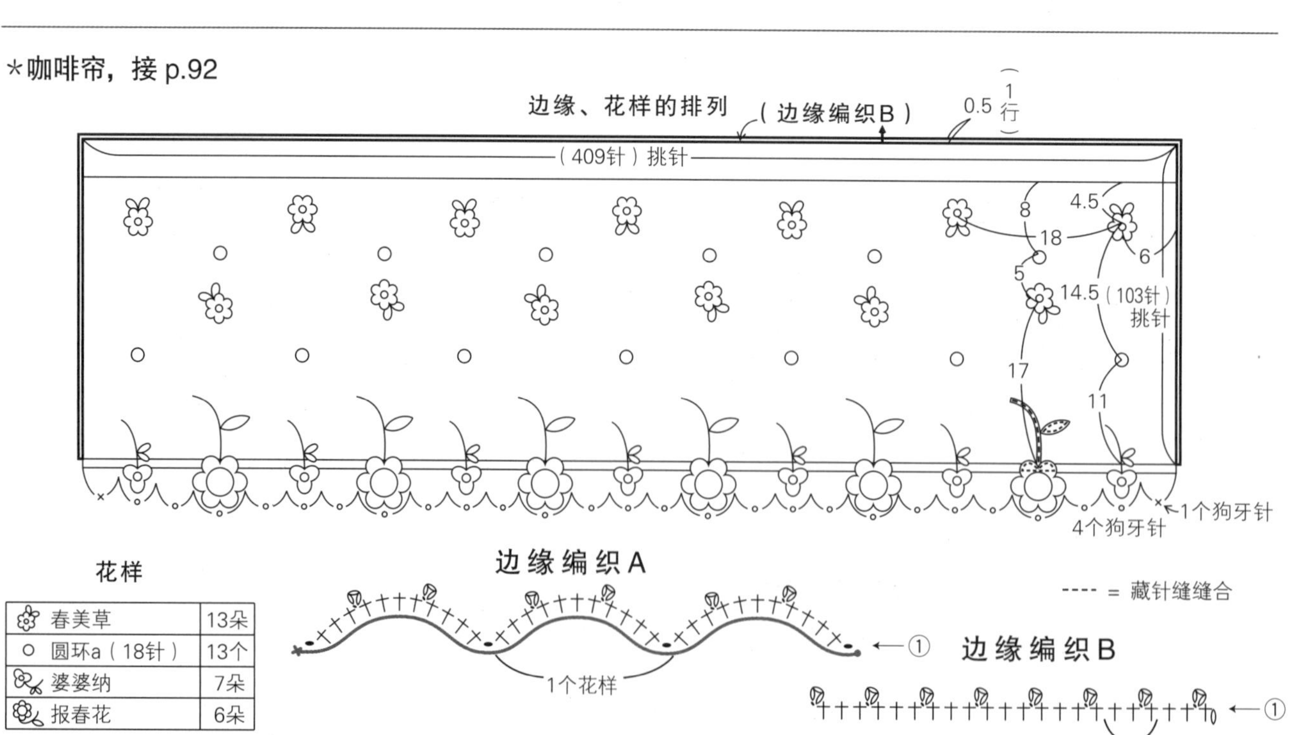

花样

花样	数量
春美草	13朵
圆环a（18针）	13个
婆婆纳	7朵
报春花	6朵

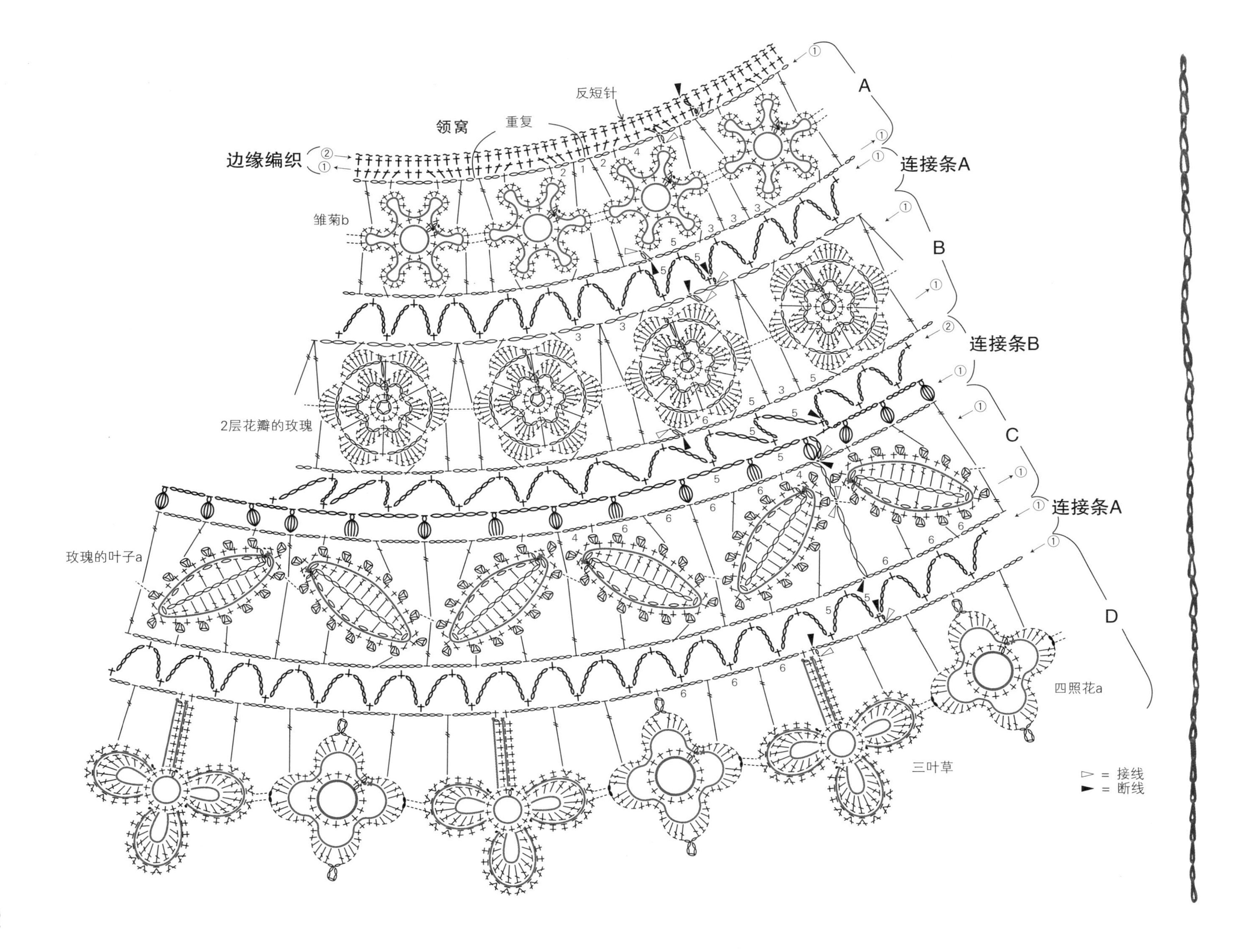

反短针
领窝
重复
边缘编织
A
连接条A
雏菊b
B
连接条B
2层花瓣的玫瑰
C
连接条A
玫瑰的叶子a
D
四照花a
三叶草
▷ = 接线
▶ = 断线

咖啡帘 图片…p.42

［材料和工具］线…奥林巴斯 Emmy Grande 原白色（804）225g；芯线…将 600cm 长的线折成 4 折（150cm×4 根）；针…2 号蕾丝钩针

［花样］圆环 a（18 针）13 个…p.51，报春花 6 朵…p.54，婆婆纳 7 朵…p.54，春美草 13 朵…p.55

［成品尺寸］宽 121cm，长 35.5cm

［密度］10cm×10cm 面积内：编织花样 8.5 个网格，20.5 行

［钩织要点］

1. 钩织 511 针锁针起针，按编织花样 A 钩织 62 行。
2. 接着钩织边缘编织 A。在钩织起点的引拔针里加入芯线，钩织 1 行。
3. 从锁针起针的另一侧挑针，按编织花样 B 钩织 4 行。
4. 在 3 条边上钩织边缘编织 B。
5. 参照图示，将花样用分股线（参照 p.94）做藏针缝缝在指定位置。

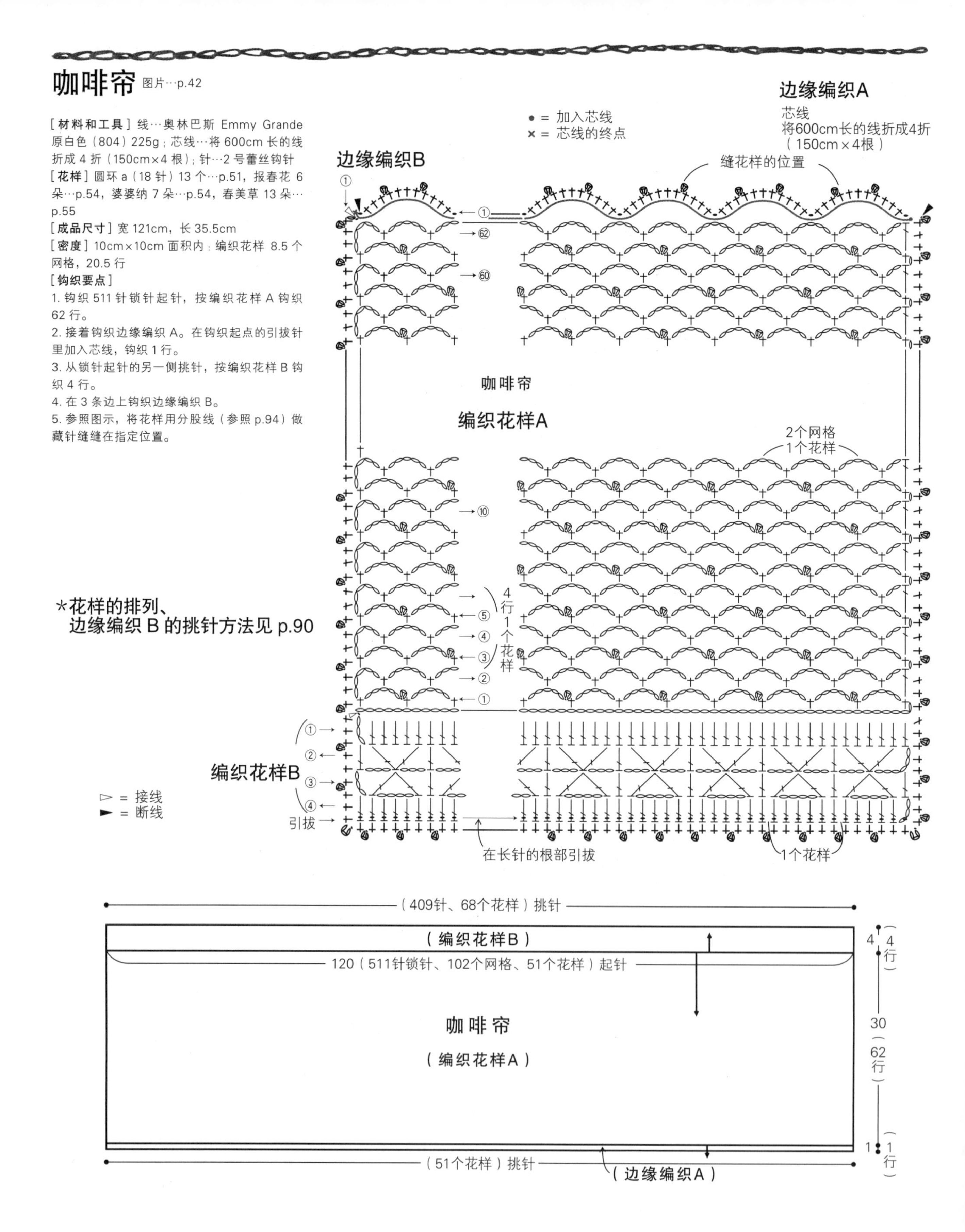

装饰垫 图片…p.43

[材料和工具] 线…奥林巴斯 Emmy Grande 原白色（804）25g；针…2 号蕾丝钩针；其他…特大号棒针 8mm

[花样] 春美草 10 朵…p.55

[成品尺寸] 直径 27cm

[钩织要点]

1. 从中心开始钩织，在 8mm 的棒针上绕线制作线环。参照图示向外扩展，钩织 10 圈。
2. 第 11 圈一边钩织一边在花样上引拔。

钩针编织的针法符号和钩织方法

锁针起针

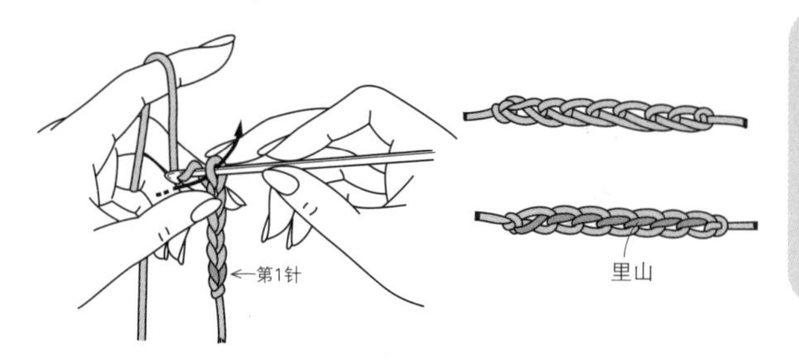

从起针上挑针的方法

从里山1根线里挑针

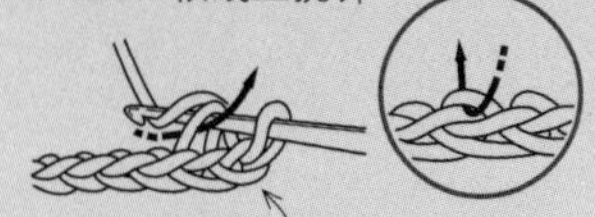

从半针和里山（2根线）里挑针

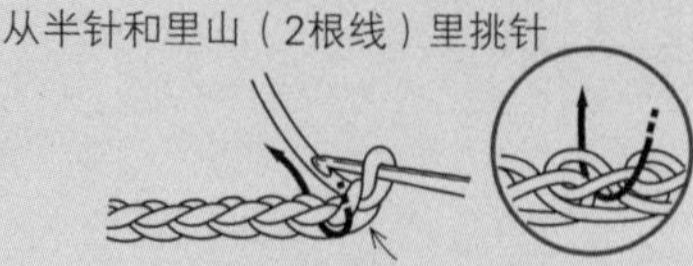

用线头做环形起针
（钩织1圈短针）

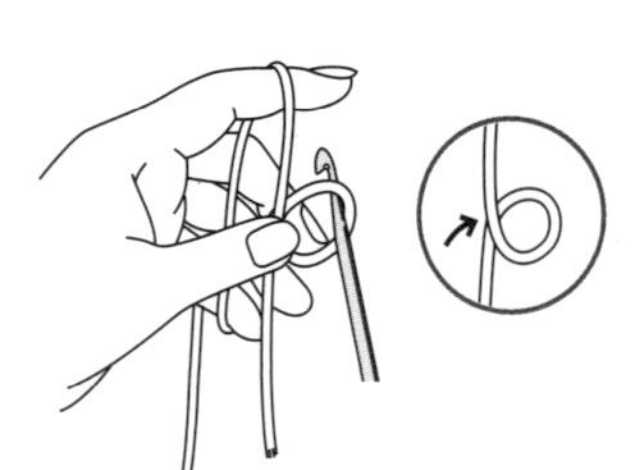

1.用线头制作线环，用拇指和中指捏住线的交叉处。

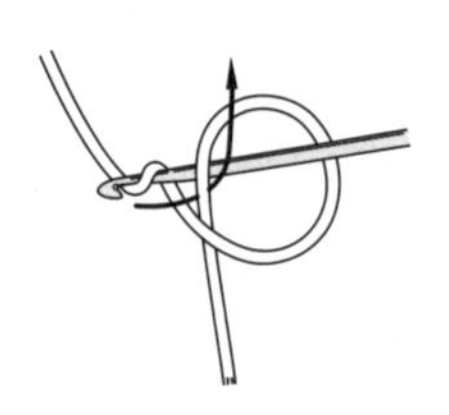

2.在线环中插入钩针，将线拉出。

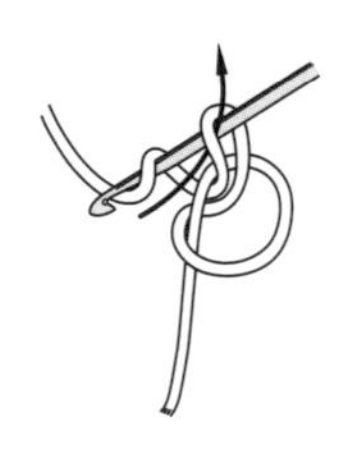

3.环形起针就完成了。再次挂线后拉出。

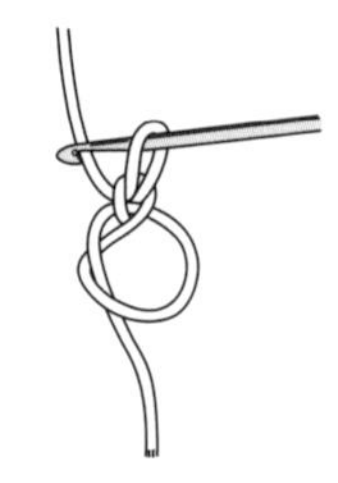

4.拉动编织线，收紧最初的锁针。此针不计为1针。

第1圈

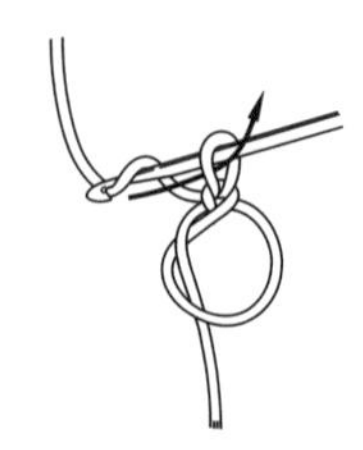

1.在针上挂线后拉出，立织1针锁针作为短针的起立针。

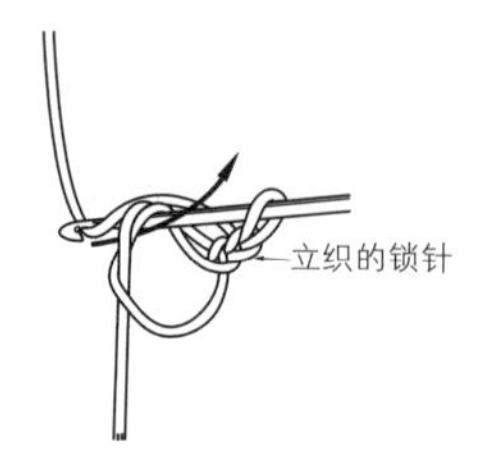

2.在线环中插入钩针，如箭头所示将线拉出。

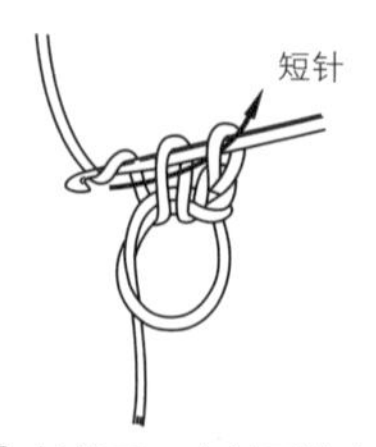

3.挂线后一次性引拔出，1针短针就完成了。重复步骤2、3钩织所需针数。

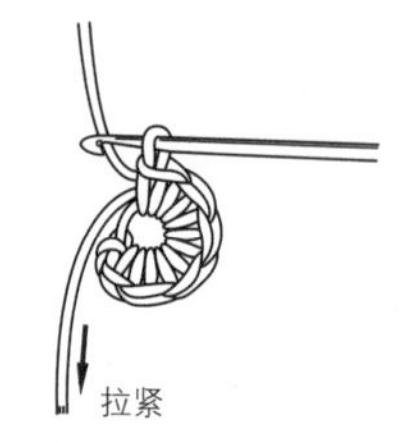

4.第1圈的短针钩织完成后，拉动线头收紧中心的线环。

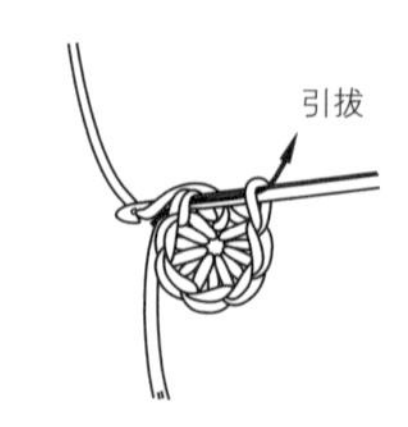

5.在第1针短针的头部2根线里插入钩针，将线头也挂在针上一起引拔。

锁针环形起针

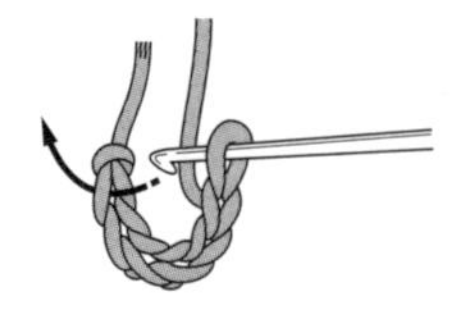

1.钩织所需针数的锁针，绕成环形，在第1针锁针的半针（或者锁针的里山）插入钩针。

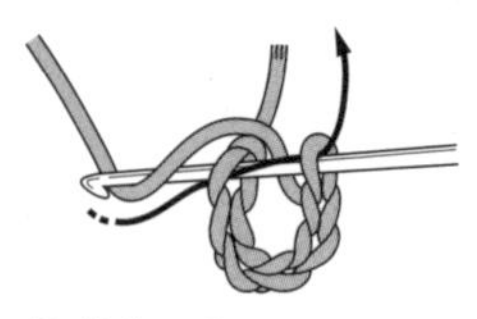

2.挂线引拔。

3.锁针环形起针就完成了。

卷针缝缝合

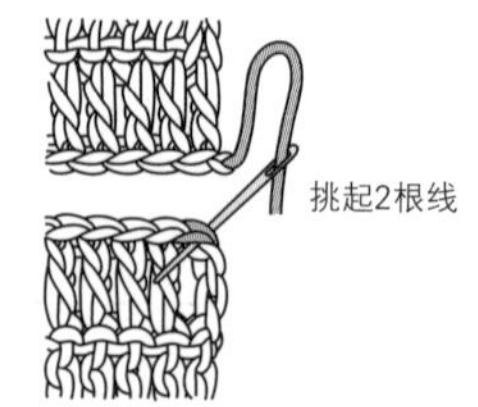

1.将2片织物正面朝上对齐，在针目头部的2根线里挑针。

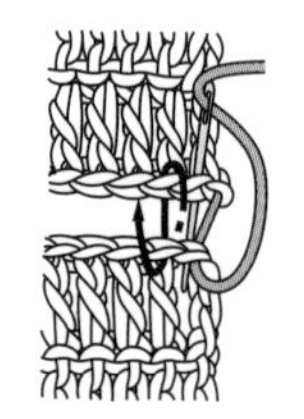

2.从后往前一针一针地插入缝针。

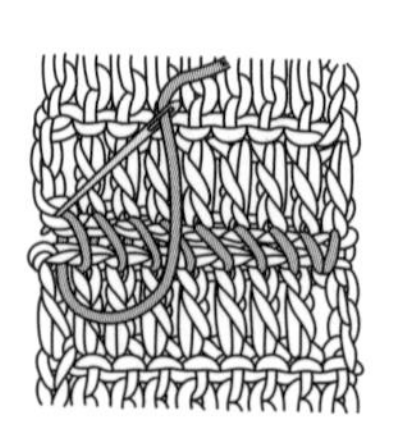

3.最后在同一个针目里插入缝针。

分股线

剪下所需长度的线，松捻后分成两半。将分股后的线再次捻紧，并用蒸汽熨斗整烫一下。

引拔针

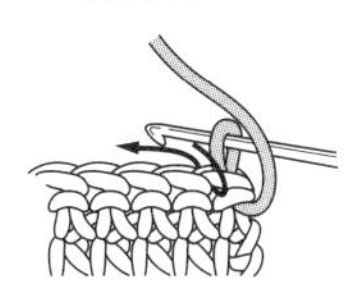

1.如箭头所示在前一行的针目里插入钩针。

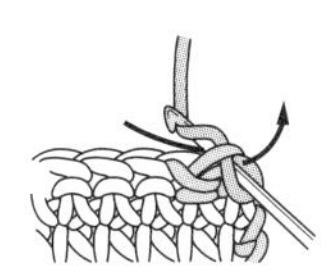

2.在针上挂线后拉出，引拔针就完成了。

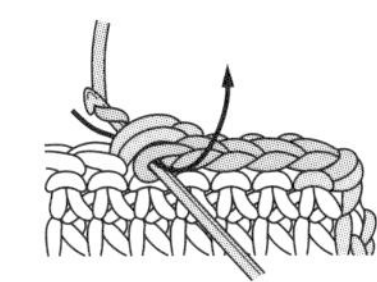

3.重复步骤1、2继续钩织。

短针

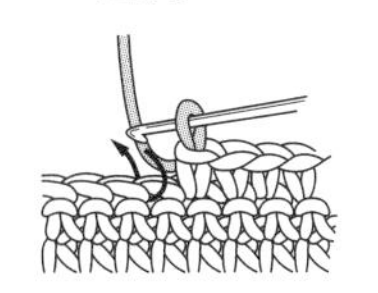

1.在前一行的针目里插入钩针，将线拉出。

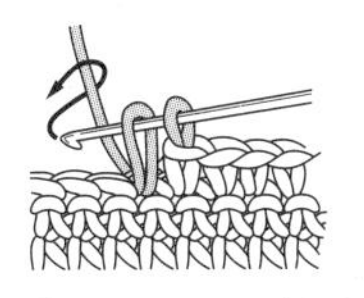

2.如箭头所示挂线。

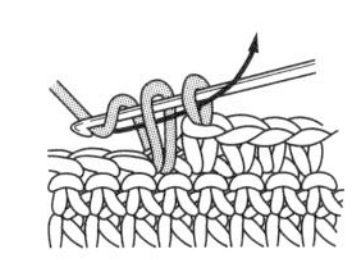

3.一次性引拔，短针就完成了。

中长针

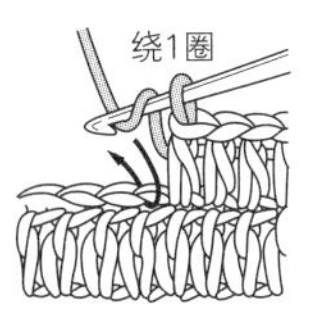

1.在针上挂线，然后在前一行的针目里插入钩针。

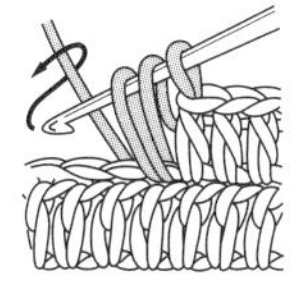

2.将线拉出，接着在针上挂线。

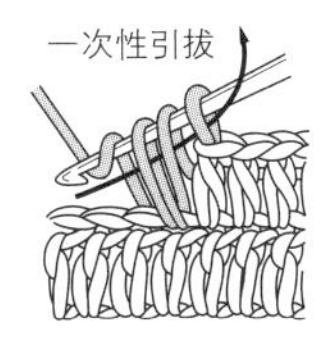

3.一次性引拔穿过针上的3个线圈，中长针就完成了。

长针

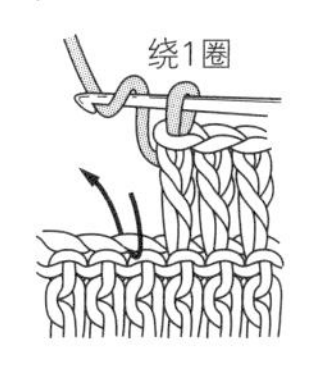

1.在针上挂线，如箭头所示在前一行的针目里插入钩针。

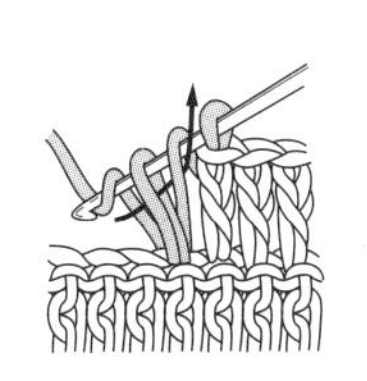

2.将线拉出，接着挂线引拔穿过针上的2个线圈。

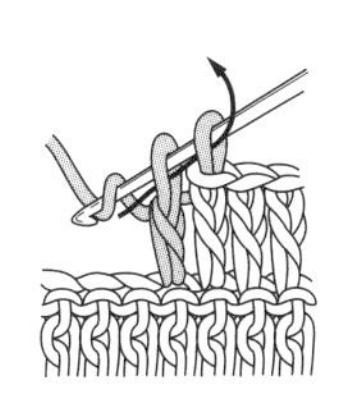

3.再次挂线引拔穿过针上的2个线圈，长针就完成了。

长长针

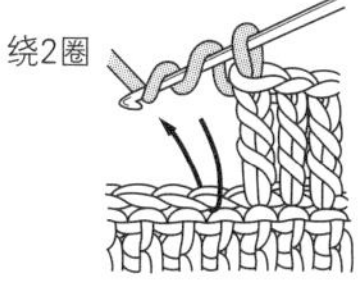

1.在针上绕2圈线，如箭头所示在前一行的针目里插入钩针，将线拉出。

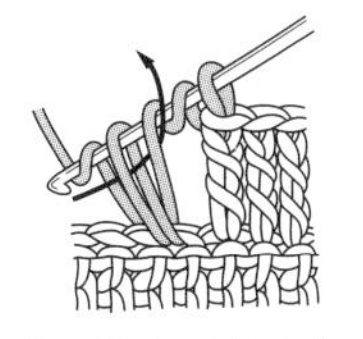

2.引拔穿过针上的2个线圈。

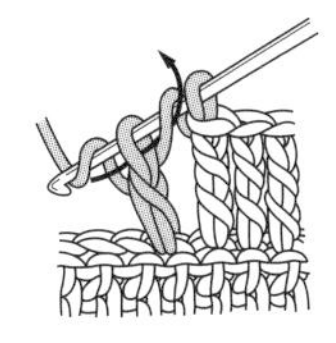

3.再次引拔穿过2个线圈。

4.再次挂线引拔穿过2个线圈，长长针就完成了。

短针的棱针

1.在前一行针目的后面半针里插入钩针，钩织短针。

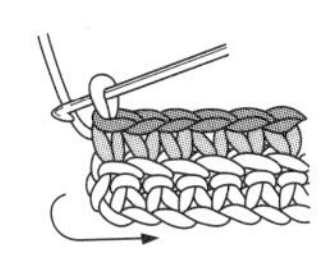

2.钩织至行末，朝箭头所示方向翻转织物。

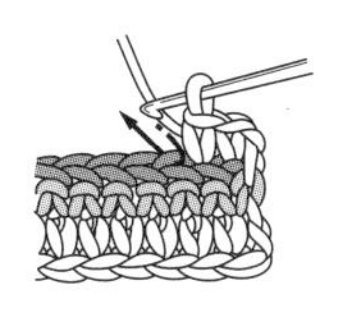

3.总是在后面半针里插入钩针钩织。

2针短针并1针

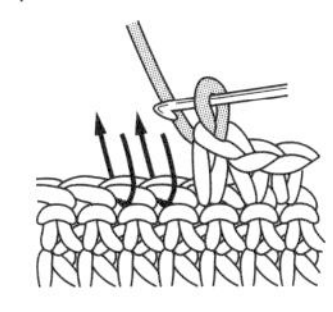

1.如箭头所示，分别在前一行的2针里插入钩针将线拉出。

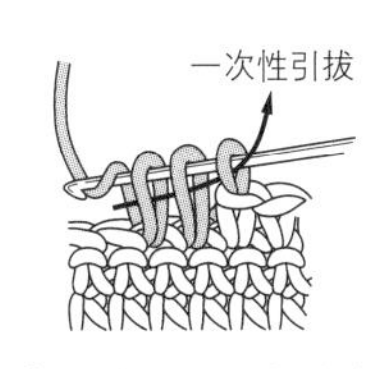

2.一次性引拔穿过针上的3个线圈。

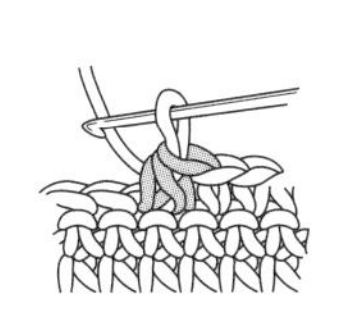

3.2针短针并1针就完成了。

3针锁针的狗牙拉针

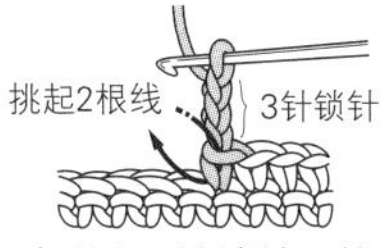

1.钩织3针锁针，然后如箭头所示插入钩针。

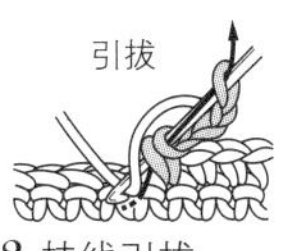

2.挂线引拔。

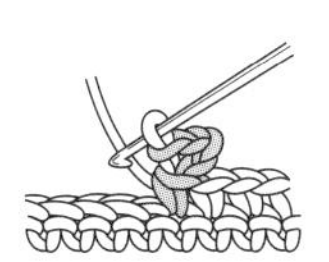

3.3针锁针的狗牙拉针就完成了。

短针的正拉针

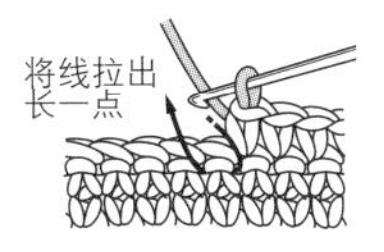

1.如箭头所示在前一行的短针根部插入钩针，将线拉出。

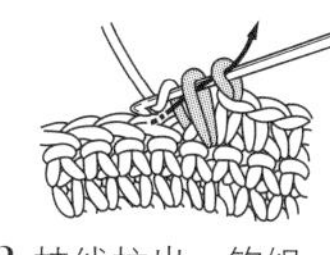

2.挂线拉出，钩织短针。

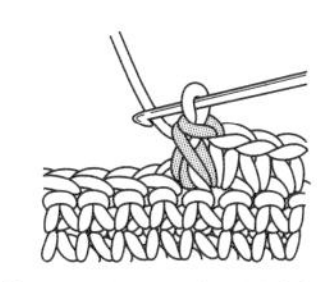

3.短针的正拉针就完成了。

短针的反拉针

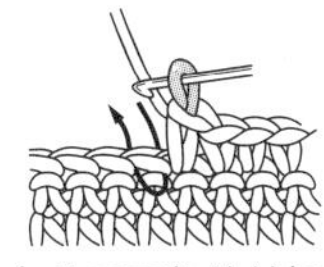

1.从后面将钩针插入前一行短针的根部，将线拉出得长一点。

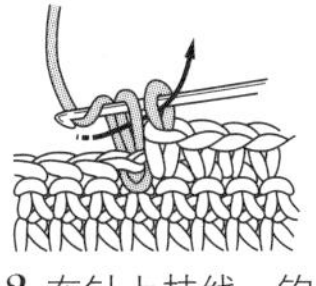

2.在针上挂线，钩织短针。

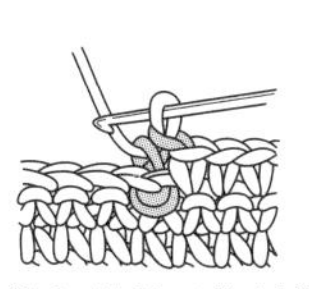

3.短针的反拉针就完成了。

变化的枣形针

在前一行锁针的空隙里插入钩针，整段挑针钩织

1.在1针里钩织3针"未完成的中长针"。

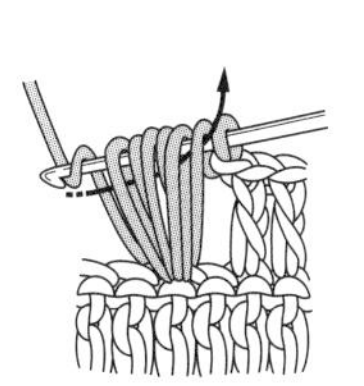

2.一次性引拔穿过针上的6个线圈。

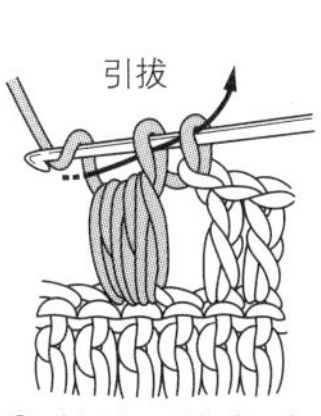

3.挂线引拔穿过2个线圈，变化的枣形针就完成了。

Photographers: Satomi Ochiai, Noriaki Moriya
Original Japanese edition published in Japan by NIHON VOGUE Corp.
Simplified Chinese translation rights arranged with BEIJING BAOKU INTERNATIONAL CULTURAL DEVELOPMENT Co., Ltd.

备案号：豫著许可备字-2020-A-0187

河合真弓（Mayumi Kawai）

从日本宝库编织指导员培训学校毕业后，曾在 Eiko Tobinai 开办的“Tobinai 工作室”担任助理，后自立门户。经常向编织时尚杂志、手工杂志以及各大线商投稿并发表各种手编作品。

著作有《第一次玩爱尔兰立体蕾丝钩编》《河合真弓的钩针编织衣橱》（以上均为日本宝库社出版），《每日手编包包和帽子》（主妇之友社出版）等。

［制作协助］

堀口美雪　根本绢子　石川君枝　关谷幸子
羽生明子　栗原由美

图书在版编目（CIP）数据

零基础玩转爱尔兰蕾丝钩织 /（日）河合真弓著；蒋幼幼译. —郑州：河南科学技术出版社，2021.8（2024.4重印）
ISBN 978-7-5725-0490-7

Ⅰ. ①零… Ⅱ. ①河… ②蒋… Ⅲ. ①钩针—编织—图集 Ⅳ. ①TS935.521-64

中国版本图书馆CIP数据核字（2021）第121719号

出版发行：河南科学技术出版社
　　　　　地址：郑州市郑东新区祥盛街27号　　邮编：450016
　　　　　电话：（0371）65737028　　65788613
　　　　　网址：www.hnstp.cn
策划编辑：刘　欣
责任编辑：刘　欣
责任校对：马晓灿
封面设计：张　伟
责任印制：张艳芳
印　　刷：河南新达彩印有限公司
经　　销：全国新华书店
开　　本：889 mm ×1 194 mm　1/16　印张：6　字数：190千字
版　　次：2021年8月第1版　　2024年4月第2次印刷
定　　价：49.00元

如发现印、装质量问题，影响阅读，请与出版社联系并调换。